재미있는 **교량** 이야기

Originally published in JAPAN in 2004 by SANKAIDO CO., LTD.

Korean translation rights arranged with PARK SIHYUN

재미있는 교량 이야기

나가시마 후미오(長嶋文雄),
핫토리 히데토(服部秀人), 키쿠치 토시오(菊地敏男) 저
오오노 하루오(大野春雄) 감수
박시현, 유동우, 이상철 역

씨아이알

| 서문 |

교량은 계곡이나 강을 건너기 위한 것으로서, 서로 떨어져 있는 두 공간을 연결하는 중요한 토목구조물이다. 인류 역사에 있어서 다양한 교량들이 건설되어 왔는데, 그 시대의 교량과 당시 사건들에는 시대적 배경을 나타내는 키워드가 담겨 있다. 인류 문명의 발상지인 메소포타미아의 아치구조교량, 일본 고사기(古事記, 일본에서 가장 오래된 역사서)의 국가 탄생과 관련된 이자나기(남자신, 伊邪那岐)와 이자나미(여자신, 伊邪那美)가 서 있었다는 하늘에 놓인 천부교(天浮橋), 그리고 시간이 흘러 1779년 영국 Coal brook dale의 세번강(River Severn) 상류에 건설된 세계 최초의 강교 등 모두 당시 시대적 배경을 보여주는 것이라고 할 수 있을 것이다.

사람들은 오랜 역사와 더불어 보다 길고 보다 강한 교량을 건설하기 위해 지혜를 모으고 기술을 축적해 왔다. 1998년 4월에는 일본 혼슈(本州)의 아카시(明石)지역과 아와지섬(淡路島)을 연결하는 세계 최장 현수교인 아카시대교(주경간 1991m)를 완성시켰다. 이 교량의 계획, 설계, 시공과 관련된 기술은 그야말로 엄청난 것이었다. 조류에 의한 주탑 기초의 세굴대책, 바람에 의한 교량의 진동대책, 헬기에 의한 파이롯트 로프(Pilot Rope)의 설치 등 과거의 경험을 토대로 새롭게 탄생한 고도의 기술은 토목기술자의 노력의 결실이었던 것이다.

그러나 제 아무리 발전된 기술이더라도 자연의 위협을 모두 극복할 수는 없다. 하천의 범람에 의한 교량 유실, 토석류에 의한 교량 매몰, 1995년에 발생한 고베대지진에 의한 교량 전도 등은 모두 무서운 기억으로 남아 있다. 이러한 자연재해를 극복할 수 있는 교량 건설을 위해 앞으로도 계속해서 노력과 지혜를 모으는 일이 토목기술자에게 요구된다고 하겠다.

한편 교량은 그 지역의 기념물로서의 자리매김도 잊어서는 안 될 것이다. 센 강의 퐁네프(Pont Neuf), 샌프란시스코의 금문교(Golden Gate Bridge), 요코하마의 베이브리지(Bay Bridge), 도쿄 스미다강(隅田川)의 여러 교량들 등 일일이 열거할 수 없을 정도로 많다. 교량은 토목구조물 중에서 특히 경관을 고려하여 설계되어 왔으며, 미래에도 교량의 사용성 및 안전성뿐만 아니라 수려함과 미적 우수성이 더욱 요구되리라고 생각된다.

본 서에서는 교량에 대한 소박한 의문에서부터 첨단 기술적인 문제까지 다양하게 다루고 있다. 교량에 대한 종합적인 이해를 돕기 위해 설명은 가능한 한 쉽게, 그리고 수식은 최소한으로 줄였으며, 한 가지 질문에 대하여 답하는 형식으로 정리하였다. 내용에는 교량과 관련된 일반적인 이야기, 교량의 역사, 구조형식 및 설계방법 등을 시작으로 교량의 시공방법, 교량에 사용되는 재료 특징을 비롯하여 지진에 강한 교량을 만들기 위한 대책 등이 포함되어 있다.

본 서는 토목공학의 개론서인『재미있는 읽을거리』(편저 : 오오노 하루오) 시리즈의 하나로, 대상 독자는 토목건설계의 대학교 및 대학원, 전문대학(정보대학 포함), 공업계 고등학교, 전문학원 학생 등을 염두에 두었다. 교량공학계 과목의 부교재로서 최적의 참고도서일 것으로 확신한다. 교량에 관심 있는 건설기술자들의 청량제로써 일하는 짬짬이 마음 편하게 읽을 수 있기를 바란다. 마지막으로 기획에서 편집까지 도움을 주신 ㈜산카이도 편집부의 시바노겐고 씨에게 감사의 인사를 전한다.

감수 오오노 하루오

| 역자 서문 |

지구상에 인간이 존재하면서부터 경제활동의 폭발적인 증가와 사회간접자본 확충에 있어서 교량은 우리생활에 없어서는 안 될 존재인 것은 누구나 인정하는 사실일 것이다. 또한 교량기술의 발전으로 다양한 분야에서 그 목적에 맞게 계획 및 설계, 시공, 유지관리가 이루어지고 있다. 이처럼 교량이란 그 목적에 따라 의미는 다를 수 있으나 그 중요성만큼은 아무리 강조하여도 부족할 것이다.

공학적 측면에서의 교량은 일종의 종합학문으로서 설계 및 제도, 지반공학(토목지질), 재료역학, 구조공학, 콘크리트공학, 강구조공학, 내진공학, 경관공학 등을 총망라하는 분야이다. 이처럼 복합적인 구조물 특성은 최근 교량 구조물과 관련된 손상 및 붕괴로 이어져 인명피해, 경제손실을 야기하는 원인이 되기도 한다.

따라서 이 책은 교량 및 구조공학 분야에 종사하는 토목기술자들이 기본적으로 알아야 되는 교량공학에 대하여 기본 이론에서부터 전문적인 내용까지 전체적인 이해를 돕기 위해 일본의 원본을 국내의 정황에 맞추어 일부 각색하여 출간한 것이다.

또한 교량과 관련된 기초 지식 확충을 목적으로 초·중급 기술자 및 대학교 재학생에 이르기까지 누구나 쉽게 읽고 이해할 수 있도록 설명하였다.

이 책에서 소개하고 있는 내용을 충분히 이해한다면 교량공학을 공부하는 공학도나 교량 건설현장에서 활동하는 기술자들의 공학적 능력이 향상될 것이며, 교량 건설현장에서의 적용성을 쉽게 파악할 수 있을 것으로 생각된다.

토목공학을 전공하고 실제 현업에 종사하는 전문기술자로서 이 책의 발간을 계기로 많은 토목공학 관련 기술자들이 교량에 대한 이해와 전문성을 가지게 되었으면 하는 바람이다. 책이 발간되기까지 도움을 주신 많은 분들에게 감사의 말씀을 드리며, 특히 도서출판 씨아이알에 고마운 마음을 전한다.

2016년 4월

박시현·유동우·이상철

목차

1 역사 및 일반사항

- 교량의 구조 및 작용하는 힘은? 3
- 교량에는 어떤 형식이 있는가? 6
- 사람이 만든 가장 오래된 교량은? 8
- 세계 최초의 강교 및 콘크리트교는? 11
- 아치교의 역사를 알려주세요 13
- 코끼리처럼 큰 물건을 예전에는 어떻게 옮겼을까? 15
- 세계에서 가장 긴 교량과 높은 곳에 있는 교량은? 17
- 교량과 관련된 표현을 알려주세요 20
- 교량의 어원은? 교량에도 남성-여성의 구별이 있다? 23
- 교량 만드는 것이 승려들의 일이라고? 25
- 교량과 관련된 영어속담을 알려주세요 28
- 주요 문화재로 지정된 교량이 있다는데? 30
- 일본 관동(關東)·중부(中部) 지방에 있는 주요 문화재 교량은? 33
- 일본 관서(關西)·중국(中國) 지방에 있는 주요 문화재 교량은? (Part-1) 35
- 일본 관서(關西)·중국(中國) 지방에 있는 주요 문화재 교량은? (Part-2) 38
- 규슈지방에 있는 주요 문화재 교량(거더교)은? 41
- 규슈지방에 있는 주요 문화재 교량(아치교)은? (Part-1) 43
- 규슈지방에 있는 주요 문화재 교량(아치교)은? (Part-2) 45
- 규슈지방에 있는 주요 문화재 교량(석교)은? (Part-3) 48
- 도쿄 스미다강에 설치된 교량을 알려주세요 53
- 도쿄 스미다강에 설치된 교량명 순서 56
- 에펠탑을 만든 사람은 교량도 만들었다는데, 어떤 사람인가요? 57
- 세계유산협약이란 무엇인가? 59
- 일본의 3대 기이한 교량이란? 61
- 교량과 관련된 대형사고에는 어떤 것들이 있나? 65
- 일본에서 발생한 교량 관련 대형사고는? 68

② 구조·형식

- 교량에서 연석과 난간의 역할은? 75
- 교량 형식이 다양한 이유는 무엇인가? 78
- 아치교와 트러스교 중에서 어느 쪽이 더 강할까? 80
- 트러스교, 아치교, 라멘교의 특징은 무엇인가? 82
- 사장교와 현수교는 어떻게 다른가? 84
- 근대 현수교의 원조로 불리는 브루클린교는? 86
- 움직이는 교량에는 어떤 것들이 있는가? 89
- 부유 거더교, 뗏목교라는 것은 무엇인가? 92
- 잠수교라는 것은 무엇인가? 94
- 교각 기초형식에는 어떤 종류가 있는가? 96
- 장대교량보다도 더 긴 초장대교량이란? 99
- 교량받침부는 무엇 때문에 설치하는가? 102

③ 설계·경관

- 교량의 구조설계는 어떻게 하는 것인가? 107
- 지진에 강한 교량의 원리를 알려주세요 110
- 면진기술을 적용한 교량의 예를 알려주세요 113
- 도로교와 철도교는 무엇이 다른가? 115
- 바람에 의해 부서진 교량이 있다는데, 정말인가? 117
- 자동차, 열차 등에 의한 반복하중에 대처하는 설계법은? 119
- 자동차로 교량을 건널 때에 덜커덩 소리가 나는 이유는? 122
- 장대교량의 신축이음장치 메커니즘을 알려주세요 125
- 교량 거더의 중앙부분을 조금 높게 하는 이유는 무엇인가? 127

4 시공·유지관리·보수

- 교량의 기본적인 가설방법을 알려주세요 133
- 강교의 가설방법을 알려주세요 136
- 콘크리트교의 가설방법을 알려주세요 (Part-1) 138
- 콘크리트교의 가설방법을 알려주세요 (Part-2) 141
- 강교의 가설방법을 그림으로 설명해주세요 143
- 콘크리트교의 가설방법을 그림으로 설명해주세요 145
- 대형 해상크레인의 인양 능력은? 147
- 바다 속의 교량 기초는 어떻게 설치하는 것일까? 149
- 현수교 케이블은 어떻게 바다 위에 설치하는가? 153
- 케이블의 장력은 일정할까? 장력은 어떻게 측정할까? 155
- 교량의 리모델링 사례를 알려주세요 (Part-1) 158
- 교량의 리모델링 사례를 알려주세요 (Part-2) 160
- 아카시대교의 주탑에 사용한 메탈터치란? 163
- 교량에서 강재는 어떻게 접합시키는가? 165
- 교량 유지관리업무란 무엇인가? 168
- 교량 위에서 달리는 차량의 속도규제는 어떻게 결정되는 것인가? 170
- 바람에 의해 교량이 흔들리는 경우에, 차량 주행성에 미치는 영향은? 173
- 교량진동 평가의 단위를 알려주세요 175

5 재 료

- 교량에 사용되는 재료의 특징을 알려주세요 181
- 콘크리트와 강재는 서로 사이가 좋을까? 184
- 강교의 부재는 모두가 동일한 재질일까? 186

• 교량 안전성에 도움을 주는 부드러운 강재란? 188
• 강교, 콘크리트교의 이점은 무엇인가? 190
• 합성구조교량이란 무엇인가? 192
• 구조재료의 변형률속도 효과란 무엇인가? 194

6 부속시설

• 철도교 선로에는 레일이 4본 설치되어 있는데, 그 이유는? 203
• 교량의 방호책이란 무엇인가? 206
• 낙교방지장치라는 것은 무엇인가? 208
• 교량의 방음대책에는 어떤 것들이 있나? 210
• 자동차, 부유물, 선박의 충돌대책은? 212
• 뉴저지형 방호책이란 어떤 것인가? 214

7 기 타

• 진동을 제어할 수 있는 스마트한 교량이란? 219
• 수중교량(수중터널)이란 어떤 것인가? 222
• 현대기술에 의한 부교(부체교)에 대해서 알려주세요 225
• 동결방지제의 효과는 어느 정도인가? 227
• 동결방지 및 제설 설비에는 어떠한 것들이 있는가? 229
• 동결억제 포장이란 어떤 것인가? 232
• 교량 박물관이란 어떤 곳인가? 234
• 교량 설계자가 되려면? 237

목차

• 자기부상식 리니어 모터카가 달리는 교량은? 239
• 교량 설계 시의 지질조사 방법을 알려주세요 241
• 교량도 지진 시 액상화에 의해 영향받는가? 243
• 교량기술의 선진국은? 245
• 장대 현수교 시공 시 지구의 곡면 영향을 고려한다? 247

참고문헌 251

1 역사 및 일반사항

1 역사 및 일반사항

교량이라는 의미를 가지는 한자어 '橋'는 재료를 나타내는 '나무(木)'와 높다는 의미를 표현하는 '喬'로 구성되어 있다. 이 '喬'는 윗부분이 휘어진 키가 큰 나무 '교목(喬木)'을 의미한다. 따라서 한자어 '橋'가 가지는 의미는 나무를 사용하여 하천 위에 높게 설치한 '다리'라는 뜻이 된다.

사람이 만든 가장 오래된 교량은 무엇인가?

본 장에서는 이러한 소박한 질문을 비롯하여 교량과 관련된 말과 속담, 교량의 기본구조, 주요 문화재로서의 교량은 어디에 있으며, 어떤 것들인가 등에 대해서 설명한다.

교량의 구조 및 작용하는 힘은?

인류는 오랜 역사를 거쳐 보다 길고 보다 강한 교량을 건설하기 위해 오랜 시간에 걸쳐 지혜를 발휘하고 기술을 축적시켜 왔다. 교량이라고 하더라도 그 형식이 달라지면 이용하는 목적에 따라 종류도 달라진다. 이런 점에서 먼저 교량은 어떻게 구성되어 있는가, 교량에는 어떠한 힘이 작용하는가 등에 대한 기본적인 것부터 살펴보자.

교량은 크게 '상부구조(super-structure)'와 '하부구조(sub-structure)'로 구분된다. 상부구조는 자동차, 열차, 사람 또는 용수(用水) 등이 통과하는 곳을 의미하며, '받침, 교량 거더의 지지점'에서부터 상부를 의미한다. 이에 비해 하부구조는 '교대(abutment)', '교각(pier)', 그리고 이를 지지하는 '케이슨'과 '말뚝' 등의 기초부분으로 구성되어 있다. 일반적으로 교량이라고 하면 우리 눈으로 볼 수 있는 상부구조만을 떠올리기 쉽지만, 상부구조로부터의 하중을 지반에 확실하게 전달해주는 하부구조도 교량의 주요한 일부이다. 상부구조와 하부구조의 접점에는 '받침'이 있으며, 이에는 '가동, 고정, 힌지=핀'의 3형식이 있다.

교량은 하천, 계곡, 도심지, 바다, 호수 등 여러 곳에 설치된다. 이러한 구간의 총연장, 즉 상부구조의 전체 연장을 '교장(bridge length)'이라고 하며, 각각의 교량받침 사이를 '지간(span)'이라고 한다. 일반적으로 교량 길이를 비교하는 경우에는 교장이 아닌 지간장으로 나타내며, 지간이 길면 길수록 높은 기술수준이 요구된다. 교량 기술자는 누구나 지면에서의 지지 없이 '교량 거더를 몇 미터 연장시킬 수 있는가'라는 도전의식을 가지고 있다. 교대나 교각의 전면부 사이의 거리는 '순지간(clear span)'이라고 한다. 교량의 폭 전부를 '전폭', 연석 사이 거리를 '폭원(road width)'이라 하며, 폭원은 차도·보도폭·노견폭을 모두 더한 것이다. 도로교의 폭원은 1차선당 3.3~3.75m 정도이기 때문에 넓게 보더라도 10m 정도가 된다.

한편 교량에 작용하는 하중은 크게 5가지로 분류할 수 있다.

- 교량 자체의 무게(자중=고정하중) : 교량의 자중은 강재 $7.85tf/m^3$와 콘크리트 $2.5tf/m^3$가 차지한다. 현수교와 같은 장대교량에서는 90% 정도가 자중으로 구성된다.
- 자동차와 열차, 사람 등 교량 위를 통과하는 것들의 무게(활하중) : 차도부는 25t 트럭과 승용차(약 $400kgf/m^2$)가 서로 간 간격 없이 놓이더라도 안전하도록 되어 있다. 또한 사람의 하중은 $500kgf/m^2$($1m^2$ 면적에 8~10인 정도)를 고려한다.
- 풍압에 의한 힘(풍하중) : 기본적으로 풍속 40m/sec의 풍압을 고려한다.
- 지진에 의한 힘(관성력=지진하중) : 자중의 20% 정도의 수평력을 고려한다.
- 온도변화에 의한 신축을 억제하는 힘(응력=온도하중) : 교량은 온도에 의해 신축하기 때문에, 신축이 자유롭지 못하면 힘이 발생하게 된다. 이 하중 이외에도 눈이 많이 내리는 지방에서는 $100kgf/m^2$ 정도의 적설하중(snow load)을 고려한다.

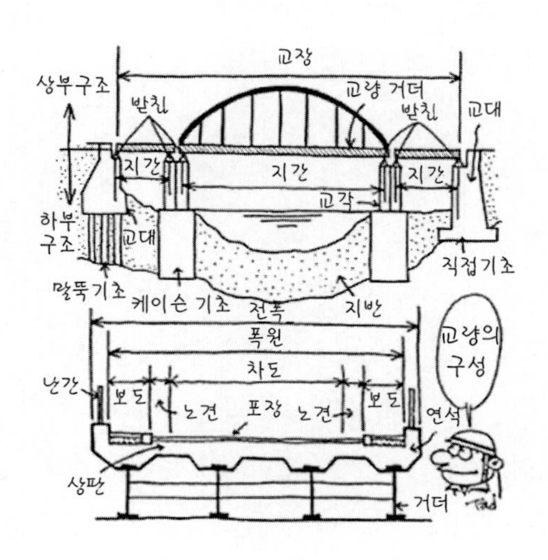

교량에는 어떤 형식이 있는가?

교량에는 다양한 형식이 있다. 계곡에 걸쳐진 통나무나 돌로 된 징검다리도 모두 교량의 한 종류로 볼 수 있다. 일반적으로 교량공학에서 설계하는 교량형식을 정리하면 다음과 같다.

가장 많은 것은 '형교=거더교'이다. 스팬이 10m 정도로 작은 경우에는 제철소에서 제작한 H형강을 거더로 사용한다. 스팬이 길어지게 되면 강판을 서로 용접하여 I형 또는 박스형 단면의 거더를 이용한다. 강판으로 구성된 거더라는 의미에서 '플레이트 거더'라고 한다. 거더를 양단에서 지지한 것은 '단순 거더', 3개소 이상 지지한 것을 '연속 거더'라고 한다. 교량 상판을 철근 콘크리트로 하여 거더와 일체화시킨 것을 '합성거더교'라고 한다. 철근 콘크리트 대신에 강판을 사용한 것은 '강상판 거더교'라 한다. 강상판은 철근 콘크리트에 비하여 자중이 가볍기 때문에, 거더교에 국한하지 않고 스팬이 큰 교량에도 자주 사용된다. 거더와 가로보를 격자형상으로 한 '격자 거더'도 있다.

스팬이 수십 m인 경우에는 '라멘교(Rahmen : 독일어로 틀, 테두리의 의미)'도 이용되고 있다. 고속도로나 강을 횡방향으로 횡단하면서 넘어가는 '과도교 또는 육교'의 대부분은 π형 라멘이다. 대표적인 라멘구조 교량으로는 '비렌델교(제안자인 Vierendeel의 이름)'가 있다. 도쿄 신쥬쿠역 인근의 큰 도로(kosyukaido, 甲州街道)를 가로지르는 교량이 있는데, 양단부는 비렌델형이며 중앙부는 트러스로 되어 있다. 외관상의 느낌은 남성적이며, 라멘과 트러스의 하이브리드형 교량이다.

일반적으로 스팬이 50~100m 정도 이상이 되면, 트러스 및 아치가 등장한다. 최근의 '트러스교'는 상하 부재가 평행하여 정삼각형이 늘어선 듯한, 이른바 '평행현 와렌트러스'가 많이 보인다. 오래된 트러스교에는 상현재가 아치형상으로 구부러진 '곡선현 트러스'도 있다. 트러스교에 자주 이용되는 형식에는 사재의 기울기에 따라 와렌형, 플랫형(사재가 역 八자형) 등이 있다.

'아치교'는 고대 로마의 수도교(水道橋)에서도 적용되어 그 역사가 깊고 다양한 형식이 있지만, 양단이 고정된 고정아치, 양단 회전이 가능한 2힌지아치, 아치 중앙에 핀(힌지)을 넣은 3힌지아치의 3종류가 일반적이다. 아치의 양단을 연결재(tie)로 연결한 타이드 아치(tied arch)도 있다. 아치형 외관을 하고 있는 것으로는 '랭거교', '로제교', '닐슨교' 등이 있다. 이들은 모두 고안자의 이름을 그대로 사용한 명칭이다. 닐슨교를 통과할 때, 양측 아치의 간격이 상부에서 좁아지는 형태도 있다. 그 형태가 마치 쇼핑백의 손잡이와 닮아서 바스켓 핸들형이라고도 한다.

더욱 큰 스팬을 대상으로 한 교량에는 '사장교'와 '현수교'가 있다. 이들에 대해서는 84페이지를 참고하기 바란다.

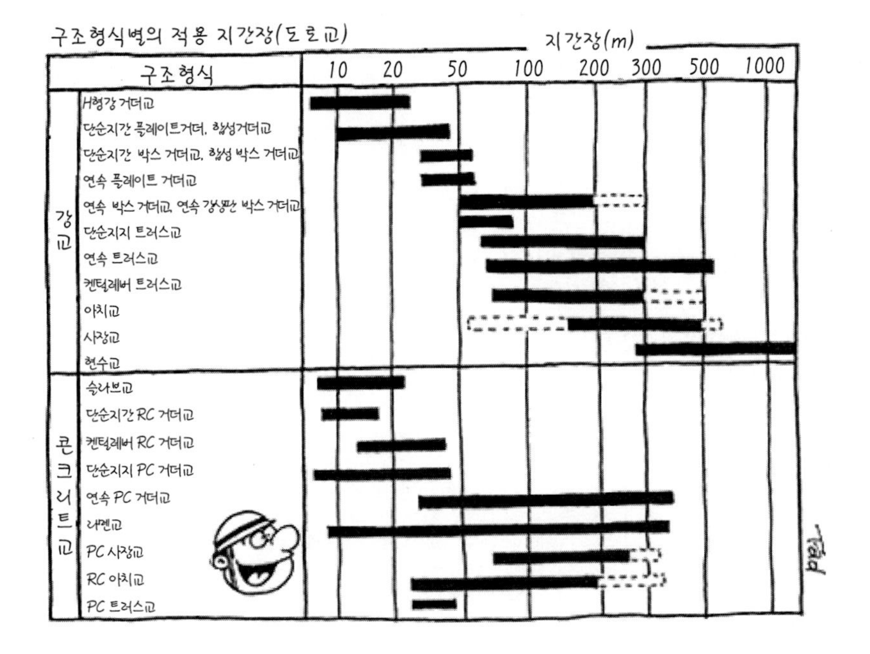

사람이 만든 가장 오래된 교량은?

교량은 아마도 인류 역사, 아니 인류역사 이전 동물들의 세계에서도 이미 그 기원을 찾을 수 있지 않을까. 자연암석에 의해 생겨난 아치라든가, 바람에 의해 넘어진 나무가 계곡이나 하천을 넘어갈 때 이용된 것이 틀림없을 것이다. 일본에서도 '일본서기(일본에서 가장 오래된 역사서 중 하나)'에 원시적이긴 하지만 통나무가 '교량'으로 이용되었다는 기록이 있다.

교량의 한자어 '橋'는 '고사기(古事記 : 일본서기와 더불어 일본에서 가장 오래된 역사서)'의 도입부에 처음으로 등장한다. 일본국가 탄생과 관련된 이자나기(남자신, 伊邪那岐)와 이자나미(여자신, 伊邪那美)가 서 있었다고 하는 '하늘에 떠 있는 교량(天浮橋)'이 나오는데, 구체적으로 무엇을 의미하는 것인지는 불명확하다.

일본에서 처음으로 사람이 만들었다고 하는 기록이 있는 교량은 오사카의 백제강(百濟江)에 설치된 '이카이츠노하시(猪甘津橋)'라고 알려져 있다. 일본서기의 인덕천황(仁徳天皇) 14년인 서기 326년으로 기록되어 있다. 인덕천왕은 토목사업가이기도 하였다고 한다. 일본토목학회에서는 이 이카이츠노하시를 일본 최초의 교량으로 보고 있는데, 아쉽게도 교량 구조에 대해서는 알려진 바가 없다.

한편 메소포타미아의 문명 발생지에서는 B.C. 4000년경에 자연석을 이용한 아치교가 존재하였으며, B.C. 3000년경에는 가공한 돌을 이용한 아치교가 있었다고 전해지고 있다. 석재를 쉽게 구할 수 없는 지방에서는 흙으로 만든 벽돌이 주로 사용되었다. 또한 유적의 발굴 조사 등으로부터 B.C. 2200년경에는 바빌론의 유프라테스강에 폭 9m, 길이 200m의 '조적 벽돌식 아치교'가 있었다고 전해진다. 역사서에 처음으로 기록된 교량으로는 바빌로니아의 수도 바빌론의 유프라테스강에 설치된 '나무거더교'로 알려져 있다. 이 교량은 B.C. 790년경 세미라미스 여왕, 또는 B.C. 484년 니트로크리스 여왕에 의해 건설되었다는 설도 있어 연대가 정확하지는 않다. 석재로 만든 교각 위에 나무를 이용하여 교량을 가설하였는데, 도적들의 침입에 대비하여 밤에는 나무로 된 거더를 떼어놓을 수 있는 구조였다고 한다. 참고로 유프라테스강이란 '멋진 교량이 설치된 강'이란 의미이다.

현재도 사용되는 것 중에서 가장 오래된 것이라고 여겨지는 교량은 B.C. 62년에 건설된 것으로 전해지는 로마 테베레강의 '파브리쵸교(Ponte Fabricio)'이며, 석조아치 구조이다. 경간 20m의 '2련 아치교'로서, 아치와 아치 사이의 교각부에는 작은 구멍을 두고 있다. 이 구멍은 교량의 무게를 줄여주기 위한 것이며 동시에 홍수 시 물을 흘려보내 교량에 작용하는 수압을 저감시키는 목적도 있다. 이 아치교의 특징은 로마시대 기술의 기본을 이루는 반원형의 아치가 아닌 다소 편평한 구조를 가지고 있다. 최초에는 반원형으로 설계하였으나, 가설 후 지보공을 제거한 시점에서 자중에 눌려 편평한 형태로 변화된 것으로 추정하기도 한다. 이 형태는 1241년에 완성된 프랑스 남부에 있는 '아비뇽교'의 원형이 되었다.

세계 최초의 강교 및 콘크리트교는?

'철'로 만들어진 세계 최초의 교량은 1779년에 완성된 지간 30m의 'Coal Brook dale교'이며, 영국 중서부의 Birmingham 부근의 Severn 강 상류에 설치되어 있다. 이 교량의 이름은 교량을 소유한 마을의 이름으로부터 붙여졌지만, 현재는 'Iron Bridge'로 변경되었으며 마을의 상징적인 구조물이 되었다. 재료로는 주철과 연철을 모두 378tf을 사용하였으며, 이는 당시 대형 고로 생산량의 약 3개월분에 해당한다.

연철로 만들어진 최초의 교량은 1826년에 완성된 스팬 174m의 영국의 '메나이교(Menai bridge)'이며, Telford의 설계에 의해 만들어진 현수교이다. 그 후, 1828년에 오스트리아 빈에 있는 '체인교'(현수교, 체인에는 연철을 사용)가 가설되었고 1832년에는 영국의 글래스고에서도 연철 현수교가 설치되었다.

일본 최초의 연철교는 나가사키의 '구로가네바시'이며, 1868년 8월에 완성되었다. 구조는 거더교로서 교장 21.8m이다. 현존하는 최고 오래된 주철교는 효고현(兵庫県) 아사고시(朝来市)에 있는 '미코하타교(神子畑橋)'이며, 미코하타 광산의 광석을 운반하기 위해 1885년에 가설된 5개 교량 가운데 하나이다. 교장 16m, 폭원 3.6m의 단경간 상로 아치교이며, 가설된 지 100년 이상 경과하였기 때문에 부재의 노령화가 심하고 일부는 파손 등의 손상이 발견되어 1983년에 보수공사를 실시하였다. 이 부근에는 '하부치교(羽渕橋)'도 함께 있어, 5개 교량 중에서 현존하는 것은 2개 교량뿐이다. 미코하타교는 1977년 6월에 일본 주요 문화재로 지정되었다.

'콘크리트교'를 처음으로 시공한 것은 프랑스인 Monier이다. Monier

는 시멘트 모르터 화분을 철망으로 보강하는 방법을 개발하여 1867년에 특허를 얻었다. 콘크리트는 일반적으로 인장에 약하기 때문에 철근으로 보강하여 사용된다. 이것을 '철근 콘크리트(RC, reinforced concrete)'라고 한다. 이듬해인 1868년에는 RC제의 관과 수조를 만들었고, 1869년에는 상판, 1873년에는 RC교의 특허를 얻었다. 1875년 Charellet 공원에 스팬 16.5m, 폭원 4m의 아치교도 가설하였다. 프랑스의 RC 구조는 1800년대 말 Honnebique에 의해 거의 완성 단계에 이르렀다. 현재 사용되는 RC의 기본(T형 단면 거더, 스트럽, 절곡철근 등)은 Honnebique에 의해 고안된 것이다. 일반적으로 RC의 창시자는 Monier라고 알려져 있으나, 실제로는 1850년에 RC로 배를 만든 Lambot이다. 그는 이 배를 1855년에 파리박람회에 출품하기도 하였다. 그 후 프랑스에서는 1900년 Vienne강에 지간 60m의 3련 고정아치인 Chattel Bea-uf교가 가설되었다. 일본에서는 1903년 타나베사쿠로(田辺朔郎) 씨에 의해 비와호(琵琶湖)의 수로에 라멘식 거더교(스팬 약 7.2m)가 처음으로 가설되었다.

아치교의 역사를 알려주세요

아치구조는 인류문명과 더불어 기원전 4000년의 오랜 옛날부터 이용되어 온 듯하다.

근년의 고고학적 발굴조사에 의하면, 티그리스강과 유프라테스강의 가운데에 위치한 메소포타미아지방에 아치형식의 이용이 확인되었다. 유프라테스강이란 '멋있는 교량이 설치된 강'이란 의미라고도 한다. 메소포타미아란 '2개 강 사이에 있는 지방'이라는 의미이며, 오늘날의 이라크에 위치한다. 이 두 개의 하천에 끼인 메소포타미아는 주위가 대부분 사막이다. 이곳에서 최초의 문명을 부흥시킨 슈메르인들이 사용할 수 있었던 건설재료로는 흙과 물을 섞어서 만든 벽돌이었다. 나무는 연료로 사용되어 귀했기 때문에, 최초에는 불에 굽지 않고 햇빛에 말린 벽돌이 사용되었다.

80페이지에 상세하게 설명하지만, 아치는 압축력으로 하중을 지지한다. 벽돌이라든지 석재는 휨과 인장에는 약하지만 압축에 대해서는 강한 성질을 가진다. 인류가 메소포타미아 지역에서 아치구조를 발견한 것은 자연스러운 일이었다고 할 수 있을 것이다.

메소포타미아와 거의 동일한 시기에 고대 오리엔트 문명을 이룩한 이집트에서도 아치가 사용되었다. 기원전 3600년경으로 알려져 있는 유적지에서 둥근 천장에 아치가 이용되었다. 그러나 이집트인은 아치보다는 기둥이나 보의 구조를 즐겨 사용한 듯하며, 아치교를 설치하지는 않은 것으로 보인다. 기원전 2500년경 파리미드가 축조되어 거석문화가 출현하였는데, 불안정한 모래지반 위에 아치를 구축하여 실패하였기 때문에 아치를 싫어했을 것이라는 의견도 있다.

오리엔트 문명권에서는 오직 메소포타미아에서만 아치가 이용되었다. 그리스는 서구문명의 여명이라고도 할 만큼 학문과 예술을 개화시켰는데, 아치를 거의 이용하지는 않았다. 아테네의 '판테온 신전'에서 볼수 있듯이 기둥과 보의 구조를 좋아했던 것 같다. 아치교는 로마시대에 이르러서 다시 그 절정을 맞았다.

로마의 원형 투기장인 콜로세움은 출입구는 물론 통로도 모두 아치 천장(arch vault)으로 만들어졌다. Vault는 아치형 곡면천정을 말한다. 아치가 활용된 교량으로는 프랑스 남부에 있는 Pont du Gard가 '로마의 수도교(水道橋)'로서 유명하다. 3층의 아치로 구성되어 있으며 높이 48m, 총연장 273m의 수로교(水路橋)이다. 최상단은 수로, 아래의 두 단은 사람과 차가 통행할 수 있는 구조이다. 기원전 19년인 아우구스투스 시대에 건설되었다. 로마인은 수십 km의 원거리로부터 터널을 굴착하고 교량을 가설하였으며, 때로는 사이펀의 원리를 이용하기도 하면서 도시생활에 필수불가결한 물을 공급하였다.

코끼리처럼 큰 물건을 예전에는 어떻게 옮겼을까?

강교나 콘크리트교가 없었던 예전에는 큰 강을 건널 때 빈 배를 횡방향으로 나란히 설치하여 양쪽 강기슭에서 그물과 쇠사슬 등을 이용하여 고정시킨 후 그 위에 상판을 연결한 부교(浮橋)를 이용하여 큰 물건을 옮겼다. 강폭이 넓고 수심이 깊더라도 또 물 흐름이 빠르더라도 간단하게 설치 및 분해할 수 있는 장점으로 인해 오래전부터 사용되어 왔다.

일본에서는 '주교(舟橋, 배다리)'와 관련된 것으로 아시카가(足利尊氏)와 닛타(新田義貞)의 전쟁 이야기가 있다. 1335년에 아시카가는 닛타를 무찌르기 위해 텐류가와(天竜川)까지 추격해 왔다. 이때 닛타는 그 당시 강에 설치되어 있던 주교를 이용하여 도망가게 되는데, 배를 부수지 않고 그대로 남겨두었다고 한다. 뒤따라온 아시카가는 이를 이상히 여겨 나룻배 사공에게 물어보았더니, 비록 이 다리 때문에 급습을 당하더라도 후대를 생각한 닛타가 그대로 남겨두었다는 얘기를 전해 들었다. 아시카가는 이에 감격하여 닛타를 칭송하였다고 한다. 이 이야기는 아시카가의 후손이 쓴 역사서 '매송론(梅松論)'에 등장하는데, 한편 닛타가 소속된 남조측(南朝側)의 역사서인 '태평기(太平記)'에는 그 반대의 이야기가 쓰여 있다고 한다.

주교(舟橋)와 관련된 또 하나의 에피소드로 코끼리와 관련된 이야기가 있다. 1726년 에도막부(江戸幕府)의 8대 쇼군(将軍) 요시무네(吉宗)가 코끼리 수입을 지시하였는데, 지금의 베트남 지역에서부터 나가사키항으로 코끼리가 도착하였다. 당시 일본에서는 쇄국정치를 펴고 있었기 때문에 외국 배가 들어오는 것을 허락하지 않았으며, 또한 일본 배에는 코끼리를 실어서 운반하는 것이 불가능하였다. 그렇기 때문에 코끼리는 나가사키에서부터 에도(도쿄의 옛 이름)까지 350리 길을 걸어올 수밖에 없었다고 한다.

그러면 당시에 코끼리가 어떻게 하여 그 많은 강을 건너갈 수 있었을까. 규슈(九州)에는 '석교'가 있었기 때문에 고민할 필요가 없었으나, 일본 혼슈(本州)로 건너간 이후부터는 고생이 시작되었다. 간몬(關門)해협에서는 '돌로 만든 배'에 태우기도 하였으며, 키소가와(木曽川)에서는 말을 운반할 때 쓰는 배를 두 척 서로 연결하여 그 위에 코끼리를 태우기도 하였고, 비교적 얕은 강에서는 걸어서 건너는 등 72일 걸려서 목적지인 타마가와(多摩川) 인근에 도착하였다. 타마가와를 건널 때에는 코끼리를 위한 주교(배다리)를 건설하였다. 30개의 작은 배들을 서로 연결하고 얕은 개울에는 말뚝을 설치하여 배를 고정하여 주교를 완성시킨 것이다. 이 공사에 참여한 작업원은 800인이며 공사기간은 7일이었다고 한다. 의외로 코끼리는 흔들리는 교량 위를 즐기듯이 강에 얼굴도 비추어가면서 건너갔다고 한다. 그 후에는 배다리를 곧바로 해체하였다. 배다리는 그 후에도 각 지방에서 필요시 설치하여 사용하였으나, 사용 후에는 역시 해체되었다.

에도시대(1603년~1867년)에는 주요 하천과 큰 강에 교량을 설치하지 않았는데, 그 이유는 바로 에도방위를 위한 군사적인 배려였다는 설명도 있으나, 토카이도(東海道, 도쿄에서 교토까지의 해안선 도로)에는 50m 이상의 거리를 가지는 하천 30개소 중에서 약 20개소에는 이미 교량이 설치되어 있었다. 그 이외의 이유로는 타마가와(多摩川)의 로쿠고우바시(六郷橋)에는 반복되는 홍수에 의한 교량 파손으로 인해 지속적으로 유지할 수 없었던 점, 급류 하천인 후지카와(富士川)와 오오이가와(大井川)에서는 하천 바닥에 큰 자갈이 있고 또 홍수에 의한 하상(河床)의 잦은 변동에 의해 교각 설치가 어려웠던 점, 오오이가와(大井川)에서는 홍수에 의해 하천을 왕래할 수 없을 때에 하천 양기슭에서 숙박 등의 영업으로 인해 큰 수익이 발생되는 점, 제방을 따라 배를 상류로 이동시킬 때에 교각과 거더가 오히려 장애가 되는 점 등을 지적할 수 있다.

세계에서 가장 긴 교량과 높은 곳에 있는 교량은?

교량에는 몇 가지의 분류 방법이 있다(6페이지 참조). 그중에서 가장 자주 이용되는 분류방식은 구조형식에 따른 '최장 지간 교량'이다. 여기서는 '현수교', '사장교', '아치교'로 구분한 후, 최대지간의 길이별로 열 개씩 표로 정리하였다.

이 외에 세계 최고의 기록을 가지는 교량으로는,

- '교장'으로는 Lake Pontchartrain Causeway교(미국) 38.422km
- '거더하부공간, 형하고'가 큰 교량으로는 미국 Arkansas강에 설치된 현수교로서 수면으로부터 321m, 일반 도로교로는 오스트리아의 Innsbruck부터 이탈리아까지의 Brenner Autobahn에 설치되어 있는 '유럽교(Europabrücke)'가 있다. 이 교량은 Sill 계곡에 설치된 81+108+198+81+81=549m의 연속 거더교로서 수면으로부터 190m
- 폭원이 큰 교량으로는 오스트레일리아의 Sydney Harbour Bridge이며 48.8m 등이 있다.

구조형식별 장대지간 교량

구조형식	순위	교량명	국가	최대지간(m)	준공	비고
현수교	1	Akashi Kaikyo Bridge	일본	1991	1998	
	2	Xihoumen Bridge	중국	1650	2009	
	3	Great Belt East Bridge	덴마크	1624	1998	
	4	이순신대교	한국	1545	2012	
	5	Runyang Yangtze River Bridge	중국	1490	2005	
	6	Nanjing Fourth Yangtze Bridge	중국	1418	2012	
	7	Humber교	영국	1410	1981	
	8	Jiangyin Bridge	중국	1385	1999	
	9	Tsing Ma Bridge	중국	1377	1997	철도 병용
	10	Hardanger Bridge	노르웨이	1310	2013	
사장교	1	Russky Bridge	러시아	1104	2012	
	2	Sutong Bridge	중국	1088	2008	
	3	Stonecutters Bridge	홍콩	1018	2009	
	4	E'dong Bridge	중국	926	2010	
	5	Tatara Bridge	일본	890	1999	
	6	Pont de Normandie	프랑스	856	1995	
	7	Jiujiang Fuyin Expressway Bridge	중국	818	2013	
	8	Jingyue Bridge	중국	816	2010	
	9	인천대교	한국	800	2009	
	10	Xiamen Zhangzhou Bridge	중국	780	2013	
아치교	1	Chaotianmen Bridge	중국	552	2009	
	2	Lupu Bridge	중국	550	2003	
	3	Bosideng Bridge	중국	530	2012	
	4	New River Gorge Bridge	미국	518	1977	
	5	Bayonne Bridge	미국	510	1931	
	6	Sydney Harbour Bridge	호주	503	1932	철도 병용
	7	Wushan Bridge	중국	460	2005	
	8	Xijiang Railway Bridge	중국	450	2014	
	9	Mingzhou Bridge	중국	450	2011	
	10	Zhijinghe River Bridge	중국	430	2009	

교량과 관련된 표현을 알려주세요

다리 없인 못 건너지

당연한 말이지만, 목적을 달성하기 위해서는 먼저 어떠한 수단이 필요하다는 것을 비유한 것이다.

위험한 다리를 건너가다

위험을 무릅쓰거나, 모험을 하는 것을 말한다. 또한 법에 걸릴까 걸리지 않을까 아슬아슬하게 일을 처리하는 경우에도 사용된다.

돌로 만든 다리가 썩을 때까지

영원히, 언제까지나 등의 의미이다.

돌다리도 두들기면서 건너다

견고하고 안전한 다리를 괜찮은지 두들겨 가면서 건너는 것을 의미하는데, 주의 깊고 신중하게 일을 처리하는 것을 의미한다. 예전에는 신중한 성격을 칭찬하는 말로 쓰였으나, 최근에는 너무 신중한 나머지 결단력이 부족한 사람을 조롱하는 말로 쓰이는 경우도 있다. 최근의 교량은 무너지는 것을 가정하지 않기 때문에 이렇게 말했던 것이 한편으로는 수긍되기도 한다.

비록 나무다리라 하더라도

다리를 건너는 것을 중매를 하거나 중매하는 사람을 표현하기도 하는데, 이로 인해 둘 사이에 들어가서 정리해주는 역할을 하기 때문에 어떠한 사람이라도 감사하다는 의미가 된다.

사람 다리를 만들어서

아주 급한 일이거나 상대방의 대답이나 결과를 기다리지 않고 계속해서 재촉하는 것으로서 이러한 방법의 연락체계를 다리(교량)로 표현하고 있다. 또한 중매인을 통해 연락한다는 의미도 있다.

위험한 다리더라도 한번은 건너야

여기서 말하는 위험한 다리라는 것은 위험한 방법을 의미하는 것으로서, 원래 인간은 착실하게 살아가지 않으면 안 되지만 모험을 피하기만 하다가는 성공에 이를 수 없다는 의미이다. 일생 동안 한두 번은 기회가 온다고 생각하고 굳은 결심으로 승부를 걸어보는 것이 좋다는 의미도 있다.

급할수록 돌아가야

급한 경우에는 가까운 길보다 오히려 멀리 돌아가더라도 안전한 길을 건너가는 것이 좋다는 의미. 그런 점에서 가까운 길은 대체로 위험이 많아서 결국은 멀리 돌아서 가는 것이 빠르다는 의미이다.

구름에 걸린 다리

바라는 것을 이룰 수 없을 때에 쓰는 말. 예로부터 연애소설의 상용문구로 자주 사용되었다.

오작교(烏鵲橋)

음력 7월 7일이 되면 옥황상제가 직녀를 위해서 까마귀와 까치를 불러 모아 하늘 위에 다리를 만들게 하여 헤어져 있던 견우와 직녀를 서로 만나게 해주었다고 한다.

교량의 어원은? 교량에도 남성-여성의 구별이 있다?

유럽에서 '교량'이라는 말은 게르만계, 라틴계 및 슬라브계로 구분되는 것으로 알려져 있다.

먼저 게르만계에서는 영어로는 Bridge, 독일어로는 Brücke, 네덜란드어로는 Brug, 노르웨이를 포함한 북유럽의 3국에서는 Bro라고 한다. 이것은 스칸디나비아의 고어 Brygge, Brig에 유래하고 있다. 그 의미하는 바는 한자어인 '橋梁'과 유사한 의미로서, 서로 떨어져 있는 것을 이어주는 가교(架橋), 배(船)의 브리지, 카드게임의 브리지 등이다.

라틴계에서는 라틴어 Pons가 기원이 되었다. 프랑스어의 Pont, 이탈리아어·포르투칼어의 Ponte, 스페인어의 Puente 등이다. 이들 언어는 교량의 형태와도 관련되어 있는데, 프랑스에서는 기중기, 이탈리아에서는 화가(easel) 등에도 Pont, Ponte를 사용한다. 프랑스에서는 일요일과 다른 공휴일의 사이에 낀 날을 Jour De Pont이라 부르며 휴일로 하기도 한다. 일본에서는 주말이 공휴일과 겹치는 경우에 '징검다리 연휴'라고 하는데, 징검다리 역시 교량의 일종이다.

교량이라는 단어 앞에 관사를 붙여서 사용하는 나라들도 있다. 예를 들면, 독일어에서 die Brücke의 die가 해당된다. 또한 교량(명사)은 국가에 따라 어떤 경우에는 남성 명사로, 또 어떤 경우에는 여성 명사가 되기도 한다. 명사에는 남성, 여성의 구별이 있다. 이렇듯이 남성 명사, 여성 명사가 있다는 것은 교량에 대한 이미지가 각국 사람들에게는 서로 다르다는 것을 의미한다.

프랑스어(le Pont), 이탈리아어(il Ponte), 스페인어(el Puente) 등은

남성 명사이며, 독일어(die Brüke), 포르투칼어(a Ponte), 네덜란드어(de Brug) 등은 여성 명사이다. 예를 들면, 도쿄도(東京都)에 있는 소우부혼센(総武本線)의 스미다가와교(隅田川橋, 1932년 완공, 3경간 랭거거더형 아치교, 스팬 90m)와 오사카순환선(大阪環状線)의 기즈가와교(木津川橋, 1928년 완공, 더블와렌 트러스교, 스팬 96m)는 가설시기 및 스팬이 거의 비슷하지만, 교량으로부터 오는 이미지는 서로 다르다. 즉, 스미다가와교는 랭거 거더 특유의 여성적인 이미지이며, 반면 기즈가와교는 트러스 특유의 남성적 모습을 느낄 수 있다.

이렇듯이 교량에도 남성적인 교량과 여성적인 교량의 2종류가 있다고 생각해도 무방할 것 같다.

교량 만드는 것이 승려들의 일이라고?

고대 로마시대로부터 로마교황(영어 : Pope, 불어 : Pape)의 정식명칭은 최고의 사교(司敎) 폰티펙스(Ponti fex maximus)라고도 하는데, 이 말의 기원은 '교량(ponti)을 만드는(fex)'에 있으며, 즉 '교량을 만드는 사람'이라는 의미이다.

따라서 고대 로마에 있어서는 교량을 만들거나 시공하는 일은 성직자의 일이었다는 것을 알 수 있다. 따라서 영토를 확대하기 위한 중요한 수단이었던 교량을 가설하는 기술이 얼마나 명예로운 일이라고 생각했는지 이해할 수 있을 것이다. 또한 유럽에서 무지개는 이 세상과 저 세상을 연결하는 하나의 교량으로 인식되고 있으며 각종 신화와 전설 속에 반복적으로 등장하며, 따라서 종교적인 의미도 포함하고 있을 가능성이 크다.

일본에서도 7세기경에 많은 교량이 승려들의 손에 의해 가설되었다. 교토(京都)의 우지바시(宇治橋, 연장 153m)는 646년에 나라시대(奈良時代, 710년~794년) 원흥사(元興寺)의 승려로 유명했던 도우토(道登)에 의해 가설되었다. 또한 백제 왕인(와니, 王仁) 박사의 후손으로 일본에서 태어나 일본 최초의 큰 스님으로 알려진 행기(교기, 行基)는 726년에 그를 따르는 제자들과 함께 교토의 요도가와(淀川)에 있는 야마사키바시(山崎橋), 기즈가와(木津川)에 있는 이즈미가와바시(泉川橋), 다카세대교(高瀨大橋) 등을 가설하였으며 제방 등 각종 토목사업을 부흥시켰다.

한편 헤이안시대(平安時代, 794년~1185년) 초기에는 중국에서 직접 유학하고 되돌아온 승려 사이쵸(最澄, 767~822)와 쿠가이(空海, 774~

835)는 불교보다도 교량 및 치수(治水) 기술을 배워와 일본 각지로 전파시키기도 하였다.

이렇듯이 승려가 '길을 열어 교량을 가설한다'는 것은 중생을 제도하여 '불교 이상을 실현한다, 고통과 고난으로부터 깨닮음의 세계로 건너간다'는 것을 의미하고 있다. 불교에서 제도(濟度)라는 것은 원래 물을 건너간다는 의미를 가지고 있는데, 이때 건너간다는 것은 사람의 혼을 구제(救濟)하는 의미이다.

따라서 교량을 건설하는 것은 그야말로 의미 있는 '종교적 행위'였던 것이다.

칼럼 1

★교량 위에 열리는 시장

일본에서 유일하게 강 위에 자리잡고 있는 명물시장이 오랜 시간 경과와 더불어 노후화되어 결국 그 자취를 감추게 된 것은 매우 안타까운 일이다. 이 교량은 1948년에 갓시가와(甲子川)에 가설되었는데, 당시에는 교량 위에 시장이 들어서지 않았다. 점차적으로 교량 위와 제방을 따라 하나둘 들어서기 시작한 상점들은 점차로 그 규모가 커져갔으며, 결국에는 거대한 시장을 형성하게 되었다. 1958년에는 공동조합도 설치하였으며, 길이 109m, 폭 13m의 시장이 교량 위에 등장하게 되었다. 이 시장에는 생선 가게 21곳 이외에도 야채, 과일 등의 식료품 가게, 일상 잡화점, 약국 등 약 120개 점포가 들어서 있었으며, 특히 생선가게는 관광객에게도 인기가 많았다.
한편 해외에도 교량 위 점포로 유명한 사례는 베네치아의 리아르트교와 피렌체의 베키오교 등이 유명하다.
일본의 이 '교량 위 시장'은 하천 개선공사로 인해 오오와타리바시(大渡橋)로 교체공사가 시작되면서 이전 또는 철거되었다.

교량과 관련된 영어속담을 알려주세요

교량에 관한 영어 속담을 몇 개 소개하고자 한다. 여기서는 굳이 번역을 하지 않고 있는데, 이는 그 의미를 스스로 한번 생각하게 하기 위해서다. 또한 이와 유사한 속담이 있는지에 대해서도 생각해보기 바란다.

- Don't burn your bridges behind you.
  (Don't make irrevocable decisions in a hurry, that prevent you from going back.)

- Don't burn your bridges before you.
  (Don't make irrevocable decisions in a hurry, that prevent you from going forward.)

- Don't cross your bridges before you come to them.
  (Don't worry about things that might happen, but probably won't.)

- It is a good thing to make a bridge of gold to a flying enemy.
  (When you win an argument, it is advisable to give the loser a way of saving face.)

- It is sometimes better to burn your bridges.

(It is sometimes better to forget the past and make a fresh start.)

- Praise the bridge that carries you over.
  (Be appreciative of those who help you to solve the problem.)

- Where there's a river, there's a bridge.
  (Where there's a problem, there's a solution.)

- Worry never crossed a bridge.
  (If you worry too much about what might happen, you will never do anything.)

- Bridges are made for wise men to walk over, and fools to ride over.
  (If you try to solve a difficult problem in a hurry, you will

probably make a mistake.)

- Much water has flowed under the bridge since then.
  (A lot has happened since then, so the situation is now entirely different.)

- You got to stick to the bridge that carries you across.
  (It is better to continue using proven, reliable methods than to try new, untired methods.)

- Don't cross the bridge until you come to it.

주요 문화재로 지정된 교량이 있다는데?

유사 이래로 일본에서도 많은 교량이 만들어져 왔는데, 유적 발굴 등으로 인해 점점 명확해지고 있지만 대부분 나무를 재료로 사용하였기 때문에 당시의 교량은 현재 전혀 남아 있지 않다.

나무로 된 교량의 경우에는 유지관리에 관심을 가지지 않으면 금방 썩어버리게 되고, 일본과 같은 급류 하천에서는 홍수나 범람 등에 의해서도 유실되어버린다. 특히 전쟁이 빈번했던 시대에 있어서 교량은 하나의 중요한 거점이었기 때문에 화재나 파손 등에 의해서도 소실되어버렸다.

현존하는 주요 문화재로서의 교량 중 가장 오래된 '목교(木橋)'로는 1557년에 가설된 이츠쿠시마신사(厳島神社)에 있는 무지개다리(반교, 反橋)이다. 가장 오래된 '석교'는 아시아 여러 나라와 무역이 빈번했던 오키나와에 있는데, 1498년에 가설된 원각사(円覚寺) 내에 있는 석조 거더교 '방생교(方生橋)'이다.

주요 문화재란 1950년 5월에 제정된 문화재 보호법에 의해 국보 또는 주요 미술품으로 지정된 유형문화재를 말한다. 그중에서 세계문화유산 측면에서 가치가 높고 또 국가에서 보물로 여겨지는 것은 국보로 지정하고 있다.

이 주요 문화재에 대해서는 관리책임자 또는 관리단체를 정해두고 공개의무도 부여하고 있으며, 소유자가 변경되는 경우에는 신고하여 허가를 받아야 한다. 이런 경우에는 국가로부터 일부 보조금도 지급받는다.

나무나 돌로 만들어진 18개 교량이 주요 문화재로 등록되어 있다. 관동(關東)·중부(中部) 지방에 3개 교량, 관서(關西)·중국(中國) 지방에 5개 교량, 규슈(九州) 지방에는 8개 교량, 오키나와에 2개 교량 등이 있으며, 규슈와 오키나와의 교량은 석교이다. 이 중에서 나무로 된 교량은 5개, 석교는 13개이다. 1997년에는 구마모토현(熊本県)의 아마쿠사시(天草市)의 '기온바시(祇園橋)'가 주요 문화재로 추가 지정되었다.

칼럼 2

★레인보우 브리지의 루프는 무슨 목적?

'레인보우 브리지(Rainbow bridge)'는 도쿄만(灣) 입구 부근에 위치하고 있으며, 시바우라(芝浦)지역과 오다이바(お台場)지역을 서로 연결하고 있다. 교장 798m, 최대 지간 570m, 폭원 23.5m의 현수교로 1993년에 완성되었다. 교량은 2층의 복층 구조로 되어 있으며, 상층부는 수도고속도로(首都高速道路) 11호선, 하층부는 일반국도와 경전철인 유리카모메(Yurikamome), 보도로 구성되어 있다. 신바시(新橋)에서 발차하는 유리카모메를 타게 되면 큰 곡선을 그리면서 교량으로 진입하게 된다. 이렇게 큰 곡선을 그리게 된 이유는 일반도로보다 교량이 약 45m 정도 높기 때문이다.

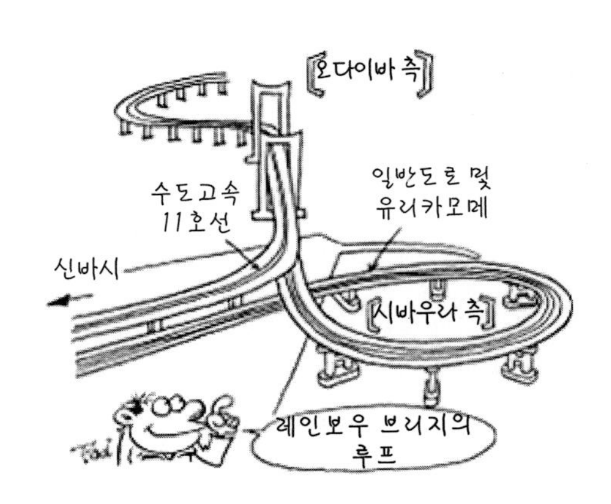

'유리카모메' 자체는 다케시바(竹芝) 측에서부터 점차적으로 고도를 높여가기 때문에 수도고속도로와 동일한 급커브를 가지면서 교량으로 진입할 수 있으나, 이렇게 하는 경우에는 교량 입구에서 일반도로를 횡단해야 하는 문제점이 발생한다. 따라서 이를 피하기 위해서 일반도로와 평행한 상태를 유지하면서 교량의 도로 면으로 자연스럽게 진입해 들어가도록 하고 있다.

일본 관동(關東)·중부(中部) 지방에 있는 주요 문화재 교량은?

도치기현(栃木県) 닛코시(日光市)의 후타라야마신사(二荒山神社) 내에 있는 신교(神橋)

신사(神社) 등의 경내에 설치된 교량을 일반적으로 '신교(神橋)'라고 하는데, 이것이 그대로 그 교량의 명칭이 되어 전해져오고 있다. 나라(奈良)시대 말기에 쇼도우(勝道)라는 승려가 강을 건너지 못하여 곤란해 하고 있을 때에 산신령이 나타나 푸른색과 붉은색의 두 마리 뱀을 이용하여 다리를 놓아 건너가게 해주었다고 한다. 그 후 이곳에 야마자키죠우베(山崎長兵衛)가 본격적으로 교량을 가설하였으며, 이후에는 그의 후손들이 대대로 교량을 수리해 왔다고 한다. 교량의 형식은 3경간 연속 거더교로서 양단 고정상태이며 교량은 전체가 옻칠을 하였는데, 거더는 검은색, 난간은 붉은색으로 되어 있다. 이 교량의 교각은 돌로 되어 있다. 석조 교각은 1590년에 교토(京都)의 3조대교(三條大橋)를 건설하는 때에 사용된 기술과 동일한 것으로서, 당시에는 첨단 기술이었다.

현재와 같은 형식으로 된 것은 도쇼구(東照宮)의 보수공사와 동일한 시기인 1636년이며, 현재의 교량은 1905년에 재건된 것이다. 당시에는 일본 정부로부터 신사에 바치는 진상품을 전달하는 칙사나 쇼군 이외에는 건널 수 없었다고 한다. 또한 이 교량은 닛코 상점도로의 출발점이기도 하며, 주변에는 일본의 많은 국보급 건물이 함께 있다.

아이치현(愛知県) 오카자키시(岡崎市)의 이가하치만구(伊賀八幡宮) 내에 있는 신교(神橋)

미에현(三重県)의 북서부 지방을 중심으로 한 마츠다이라가(松平家)의 수호신이며, 에도시대에는 쇼군(将軍)들도 모시기도 하였으며 도쿠가와 이에야스(徳川家康, 에도시대의 초대 쇼군, 1598년~1616년)도 큰 전쟁을 앞두었을 때에는 반드시 참배했다고 전해진다. 신사의 본 건물을 비롯하여 수호신을 모셔두는 입구 건물 및 신교 등의 대부분이 주요 문화재로 지정되어 있다. 이 중에서 신교는 석조 아치교이며 특수한 형식으로 난간이 장식되어 있다.

기후현(岐阜県) 후와군(不破郡)에 있는 남궁신사(南宮神社)의 하향교(下向橋)와 석륜교(石輪橋)

이 신사는 일본 1대 천황인 진무천황(神武天皇, 기원전 6C경으로 추정) 때로 매우 오래된 것으로 알려져 있으며, 일본의 여러 조정으로부터 숭배받던 곳이다. 이 신사는 남궁산(南宮山)이라는 산의 이름으로부터 유래하지만, 신사의 이름이 알려지게 된 것은 1600년에 발생한 세키가하라(関ヶ原)전투부터이다. 산의 정상부에는 모리헤모토(毛利秀元)의 진지를 꾸렸으나, 안국사(安國寺)의 승려 에케이(恵瓊)에 의해 신사와 함께 불타 없어져버렸다. 이후 1642년 3대 쇼군 이에미쓰(家光)는 이 신사 이외에도 수십동의 건물을 건설하였다. 건물들은 그 규모가 크고 고풍스러운 외관을 가지고 있으며, 에도시대의 대표적 종교건물로 인정받고 있다. 이 신사의 사쿠라문(桜門) 정면에는 돌로 만든 아치형상의 '석륜교(石輪

橋)'가 있으며 그 옆에는 석조 거더교인 '하향교(下向橋)'가 있다.

일본 관서(關西)·중국(中國) 지방에 있는 주요 문화재 교량은? (Part-1)

시가현(滋賀県) 오츠시(大津市)의 히에신사(日吉神社)에 있는 3개교

비와코(琵琶湖) 호수의 입구부에 있는 히에신사(日吉神社)에는 동본궁(東本宮)과 서본궁(西本宮)을 중심으로 약 40만m^2의 넓은 대지가 있다. 동본궁은 예로부터 히에이산(比叡山)에 자리잡은 지신(地神)을 모시고 있으며, 서본궁은 옛 수도 교토(京都)의 풍수지리상의 의미뿐만 아니라, 국가를 지키는 수호신 및 토목·건축신을 모시고 있으며, 전국적으로 약

3800개의 지사가 있다. 히에신사의 경내에 흐르는 오오미야(大宮)강에는 커다란 화강암을 조립하여 만든 3개의 석조 거더교가 있다. 상류에서부터 오오미야바시(大宮橋), 하시리이바시(走井橋), 니노미야바시(二宮橋)이다.

오오미야바시

서본궁(西本宮)을 향하는 참배 길에 설치된 석조 교량으로서, 목조 교량 형식을 그대로 이용하여 건설하였다. 먼저 12개의 원형기둥 교각(3본×4열)에 수평보강재로 이들을 서로 연결한 후, 그 위에 가로보를 3열로 설치하여 교량 상판을 시공하였다. 또한 난간에는 측면의 일부를 도려낸 석판을 사용하였다. 이 교량은 3개의 교량 중에서도 가장 정성들여 만든 일본 대표적인 석조 거더교로서 교장 13.9m, 폭원 5.0m이다.

하시리이바시

15매의 석판(교량 상판)을 6개의 교각(3본×2열)으로 지지하는 단순한 구조이며, 난간은 없다.

니노미야바시

동본궁(東本宮)을 향하는 참배 길에 설치되어 있다. 규모는 오오미야바시와 거의 동일한 정도이나, 구조는 보다 간단하다. 교각을 서로 연결하는 수평보강재도 없으며, 난간용 석판에도 아무런 조각이 없고 어떠한 장식도 하지 않은 교량이다.

이 3개 교량은 도요토미 히데요시(豊臣秀吉, 1536~1598)가 신사에 봉납한 것이라고 한다.

교토시에 있는 도후쿠지(東福寺) 엔게츠교(偃月橋)

일본 불교 도후쿠지파를 총괄하는 큰 절의 하나로 1236년 구조미치이에(九条道家)가 창건하였으며, 쇼이치고쿠시(聖一国師)가 창립하였다. 교토 5대 사찰 가운데 으뜸으로 꼽히며 구조양식은 동대사(東大寺)와 흥복사(興福寺)를 합한 형식이다. 이 사찰 내부에 있는 '엔게츠교'는 1603년에 건설된 지붕이 있는 복도형 목재 교량이다. 하류에 있는 '통천교(通天橋)', '와운교(臥雲橋)'와 함께, 도후쿠지의 최우수 3대 교량으로 불리고 있으며, 가을 단풍의 명소로서도 유명하다.

일본 관서(關西)·중국(中國) 지방에 있는 주요 문화재 교량은? (Part-2)

교토시에 있는 고다이지(高台寺)의 칸게츠다이(觀月台)

1606년, 기타노만도코로(北政所)가 그의 남편인 도요토미 히데요시의 명복을 빌기 위해 건축한 것으로서, 다도실 및 전통 공예품 등이 유명하다. 칸게츠다이는 연못을 건너기 위해 만들어 놓은 지붕 달린 복도의 가운데에 설치되어 있으며, 4개의 나무기둥으로 만들어진 건물이다. 활모양의 곡선 지붕을 통해 달을 쳐다볼수 있도록 만들어진 특징이 있다.

교토시에 있는 카미가모신사(上賀茂神社)의 카타오카교(片岡橋)

일본 교토에서 가장 오래된 신사로서 고대 일본의 지방 호족인 카모가(賀茂家)의 수호신을 모시는 신사이다. 신사 건물의 34개동 대부분이 1628년에 건설되었으며, 구릉지 사면을 절묘하게 이용하여 배치되어 있다. 넓은 경내에는 작은 개울이 흐르며, 이 개울 위로 전각(殿閣) 및 교량이 설치되어 있다.

히로시마현 이츠쿠시마신사(嚴島神社)의 반교(反橋)

바다에 떠 있는 절로 유명한 이 신사는 스이코(推古)천황 시절인 6~7세기에 건설된 것으로 알려져 있으나, 현재와 같은 모습으로 새롭게 변경된 것은 12세기 타이라노 키요모리(헤이안시대, 794년~1185년, 무장)에 의해서다.

이 사찰의 내부에는 현존하는 가장 오래된 목재 교량인 '무지개교량, 반교(反橋)'가 있다. 이 교량은 '칙사교'라는 별칭도 있는데, 칙사(임금의 명령을 전달하는 사신)가 참배하는 경우에만 사용되었다고 한다. 교량의 구배가 크기 때문에 그대로는 건널 수가 없어서 상판위에 계단을 설치했다고 한다. 현재는 장식적인 목적으로 사용되는 교량이다. 1951년에 상판과 거더 일부를 잘라내고 새롭게 보수한 상태이다. 또한 이 반교에는 현존하는 가장 오래된 난간 장식물이 설치되어 있는데, 1557년 모리 모토나리, 모리 다카모토(다이묘, 지방 영주)가 제작하였다는 팻말이 새겨져 있다. 이 난간 장식물은 장식물이 난간기둥보다 작고 약간 편평한 형태인데, 이는 제작 시점이 매우 오래된 것을 나타내는 것이기도 하다.

칼럼 3

★교량에서 유의할 점

이집트의 카이로 외곽 나일강에 설치된 교량을 비디오로 촬영했다는 이유로, 이스라엘인 두 명이 이집트 경찰에 체포되는 사건이 있었다. 교량을 촬영했던 것이 직접적인 체포 이유였다고 하니, 과연 중앙아시아답다는 견해도 있다.

특히 이라크에서는 교량 촬영을 엄격히 통제하고 있다. 예전에 바그다드에서 동양인 학생이 교량을 배경으로 사진을 찍고 있었는데, 곧바로 비밀경찰이 다가와 연행해 갔다는 이야기도 있다.

1991년 걸프전쟁에서는 이라크의 티그리스·유프라테스강에 설치된 교량이 다국적군의 공격을 받아, 정확하게 2개로 분단되기도 하였다. 교량은 시민생활의 생명선 역할 이외에도 군대의 이동에도 영향을 미치기 때문에, 국가에 따라서는 촬영을 포함하여 교량에 관한 정보 수집을 스파이 행위로 간주하기도 한다.

규슈지방에 있는 주요 문화재 교량(거더교)은?

사가현(佐賀市)에 있는 요카신사(与賀神社)의 석교

긴메이 천황시절(509년~571년)에 건설되었으며, 1482년 쇼니마사스케가 요카성을 지키기 위한 수호신을 모신 곳이라고 전해진다. 나베시마가(鍋島家)에서 모시기 시작하여 1대손인 나베시마 나오시게의 기부에 의해 신전, 석교, 토리이(신사 입구에 세운 기둥 문) 등이 건립되었다. 교량의 크기는 길이 10.5m , 폭 3.15m이며 '석조 거더교'의 구조를 가지고 있으며, 1606년에 완성되었다. 교각은 3본의 기둥이 모두 6열로 설치되어 있으며, 난간의 모든 기둥에는 장식물이 붙여져 있다. 18본 교각은 목재 거더와 연결되어 있으며, 수려한 난간 및 난간기둥 장식물 등은 16세기 후반의 모모야마시대(桃山時代, 일본 중세 전국시대에 해당)의 특징을 잘 나타내고 있다.

구마모토현(熊本県)에 있는 기온바시(祇園橋)

'목재 거더교'로서는 경간 5m 정도는 쉽게 건설할 수 있지만, 석재인 경우에는 그 무게로 인해 2~3m가 한계였다. 일본의 신사나 절, 정원 등에 설치된 '석재 거더교'는 현재도 많이 남아 있지만, 에도시대부터 보도로 설치한 석재 거더교는 메이지시대(1868년~1912년) 이후의 도로확장으로 인해 점차적으로 없어지게 되어 현재는 거의 남아 있지 않다.

이 중에서 당시의 상가도로로 남아 있는 유일한 대형 석재 교량이 구마모토현 혼도시(本渡市)의 '기온바시'이다. 길이 28.6m, 10스팬의 거더교로서 1834년에 가설된 것이다. 이 외에 구마모토현 다마나시의 우라가와 강에도 4개의 교량이 남아 있는데, 보도교가 아니었기 때문에 없어지지 않고 남게 되었다.

오키나와현(沖縄県) 나하시(那覇市)의 구 원각사의 방생교(放生橋)

'방생교'는 일본에 현존하는 가장 오래된 교량으로 1498년에 가설되었다. 류큐왕국(오키나와의 옛 왕국)의 왕족 위패를 모신 원각사(円覚寺)의 정문과 방생지 연못을 서로 연결하는 '석재교량'으로 교장 5.5m이다. 난간 및 벽에 붙이는 나무판 등은 중국의 영향이 강하게 나타나 있으며, 오키나와 석조예술의 최고 걸작품으로 알려져 있다. 1967년에 보수공사를 완료하였다.

규슈지방에 있는 주요 문화재 교량(아치교)은? (Part-1)

오키나와의 천녀교(天女橋)

이 교량은 오키나와 나하시(那覇市)에 현존하는 일본의 최고 오래된 석조 아치교로서, 1502년에 가설되었다. 교장 9.4m, 폭원 3.3m이다. 오키나와는 대륙과의 무역이 오랫동안 지속되어 왔기 때문에 일본 내륙보다 더 오래된 역사를 가지는 석교가 있는데, 제2차 세계대전 시에 거의 파괴되었다. 이 교량 근처에서도 엄청난 격전이 있었으나, 다행히 전쟁의 피해를 면할 수 있었다(일부 손상만 발생).

설치된 장소는 류큐왕국의 쇼토쿠왕(尚德王)이 당시 조선으로부터 받은 '방책대장경'을 보관하기 위해 건립한 변재천당(弁財天堂) 내에 있으며, 원각사의 전면도로를 사이에 두고 엔칸지(円鑑池)의 중앙 섬에 설치하여 우수한 자태를 뽐내고 있다. 천녀교의 아치구조는 일본에는 거의 사용된 적이 없는 '리브 아치식, 아치를 형성하는 석괴가 원호 형상으로 만들어진 것'으로 가설되었다.

나가사키시에 있는 나가사키 안경교(眼鏡橋)

오키나와 석교를 제외하고는 일본에서 가장 오래된 석조 아치교이며, 1634년 중국인 승려 묵자여정(黙子如定)에 의해 가설되었다. 교장 23.0m, 폭원 4.7m이다. 같은 해에 나가사키에는 인공섬인 '데지마(出島)'의 건설이 시작되었다. 이 시기는 에도정부(1603년~1867년)가 쇄국을 시작하기 전으로서 유럽 및 대륙으로부터의 문화가 비교적 자유롭게 유입되었다. 이 교량을 시작으로 '나카지마강의 석교들'이 1699년 가설된 '아미가사바시(編笠橋)'까지 합쳐 모두 20개가 되었다.

이 교량을 가설하기 위한 공사비는 나가사키의 중국인과 무역상인들이 제공하였다. 이때 만들어진 교량들은 교량의 외관 및 장식에도 비용을 들인 격조 높은 교량으로 만들어져 있다.

1983년에 발생한 나가사키의 대 홍수 시에는 나카지마강의 석교 6개가 떠내려갔으며, '안경교'를 포함하여 3개 교량이 크게 파손되었는데 그 이듬해에 수리를 완료하였다.

규슈지방에 있는 주요 문화재 교량(아치교)은? (Part-2)

후쿠오카현의 하야가네 안경교(眼鏡橋)

1674년 후쿠오카 오무타시(大牟田市)의 미이케(三池) 영주의 관리직이었던 히라츠카(平塚)를 중심으로 물 부족으로 고생하는 농민을 위해 수로교를 가설하였다. 이 교량은 총연장 11.2m, 최대지간 9.95m, 폭원 3.20m의 단경간의 석조 아치교이다. 히라츠카 관리관의 명령을 받은 석공들은 나가사키로 출발하여, 나가사키 안경교에 대한 지식 및 가설 기술을 독학으로 습득하여 교량을 완성하였다고 한다.

이 교량을 자세히 살펴보면, 아치교량의 석재 쌓는 방법이 마치 비경험자에 의한 것이 아닌가하고 의심할 수도 있으나 완성된 시점이 나가사키 안경교로부터 40년밖에 지나지 않은 시점이다.

이렇듯이 '석조아치'의 가설 기술이 들어온 이후 비교적 짧은 기간에 기술을 습득한 것으로 추정된다. 당시 석조 아치에 의해 수로교를 가설한 예는 중국 이외에는 없었던 것으로 알려져 있다. 이 교량 덕분에 농사 수확이 10배로 증대되었다. 이 교량은 1898년까지 약 220년간에 걸쳐서 사용되었다.

나가사키현 히라도시(平戶市)에 있는 사이와이바시(幸橋)

히라도 시내를 흐르는 하천의 하구에 설치된 이 석조 아치교는 1702년 히라도의 영주였던 유코우(雄香)가 석공들에게 만들게 한 것이다. 교량의 가설 기술은 히라도의 네덜란드 상점 건설에 참여하였던 석공 토요사키(豊前)가 그 지방의 석공들에게 전수해주었다. 이 교량은 히라도가 네덜란드와의 무역항으로 번성한 때의 기술 계승 측면에서 의미를 가진다. 교장 19.3m, 지간 15.1m, 폭원 5.1m이며, 네덜란드교라고도 불리고 있다.

나가사키현 이사하야시(諫早市)의 이사하야 안경교

이사하야시의 중심부를 흐르고 있는 혼묘우강은 표고 1,000m의 타라다케산(多良岳)을 수원으로 하는 전체 연장 22km, 유역면적 87.2km^{2}의 소규모 하천이지만, 물의 흐름이 빠르고 과거에 몇 번이나 홍수를 반복하였기 때문에 '떠내려가는 마을'이라는 이름이 있을 정도였다.

1839년, 이사하야 지역의 민관이 일체가 되어 노력한 끝에, 교장 49.2m(최대지간 17.4m), 폭원 5.5m의 2련 '석조 아치교'가 완성되었다. 이 교량의 특징은 '나가오카 안경교'의 가설기술을 홍수의 규모도 크고 자주 반복하는 혼묘우강의 홍수대책과 지진대책을 함께 발전시켰다는 점을 들 수 있다. 즉, 아치부에 격류와 부유목 등이 충돌하여 교각이 붕괴되는 것을 막기 위해, 아치부 석재를 길이 15cm 정도의 철재(다웰바)로 연결하는 장치를 사용하였으며, 또한 2련 아치의 중간 교각의 기초주변에는 해변의 진흙을 이겨 넣음으로써 지진력을 완화시키는 면진구조(기초) 등을 적용하였다.

1962년 7월 25일 폭우 시에는 연간 강우량에 필적하는 950mm가 내렸다. 이 홍수에도 떠내려가지 않았던 '안경교'는 부유목 등이 거더에 걸리면서 홍수에 의한 탁류가 마을로 흘러 들어가게 되었다. 이로 인해 당시 주민들은 철거를 요구하였는데, 시장이었던 노무라씨 등의 열의가 결실을 맺어 1958년에 주요 문화재로 지정을 받아 현재는 이사하야 공원으로 이설되어 있다. 교량 이설 시에는 책임자였던 야마구치씨가 1/5 스케일의 모형을 돌로 만들어(돌 하나하나까지) 모형에 의한 실제 훈련을 실시하는 등의 상당한 노력을 기울였다. 이때 만들어진 모형 석교는 현재 사이타마현 도코로자와시의 '유네스코 마을'에 보존되어 있다.

규슈지방에 있는 주요 문화재 교량(석교)은? (Part-3)

구마모토현에는 '영대교(霊台橋)', '통윤교(通潤橋)'를 비롯하여 일본 전국 석교의 절반인 250개 정도가 존재한다. 이는 일본의 유명한 석공집단인 다네야마(種山) 석공들이 이 부근을 근거지로 하고 있었기 때문이며, 특히 미도리가와(緑川) 유역에는 60개 이상의 석교가 만들어져 있다.

시모마시키군(下益城郡)의 영대교(霊台橋)

영대교가 설치되어 있는 부근을 후나츠협곡이라고 하는데, 이곳 미도리가와 계곡이 깊기 때문에 예로부터 교통 통행에 어려움이 많은 지역이었다. 보통은 나룻배를 이용하여 강을 왕래하고 있으나, 홍수 때가 되면 나룻배를 띄우지 못하게 된다. 그렇기 때문에 지역 마을의 촌장이었던 미스미씨가 1819년에 사루하시(일명 원숭이교)와 같은 '하네기 형식'의 교량을 가설하였는데, 나무로 만든 목교는 시간이 지나면 썩어버리게 되어 몇 번이나 반복하면서 수리하지 않으면 안 되기 때문에, 지역 농민들의 부담이 가중되었다. 새롭게 마을 촌장이 된 시노하라씨는 아치형 석교 가설을 계획하였다. 1846년에 착공한 공사는 겨우 1년도 지나지 않아서 완공되었다. 이는 요즘의 토목 공사와 비교해보더라도 놀랄 만한 속도였던 것으로 평가된다. 이 교량은 교장 37.5m, 아치경 28.3m, 폭원 5.6m로서, 수면으로부터의 높이가 17m이다. 이는 일본 최대의 단경간 석조아치교이며, 투여된 작업 인부는 모두 44,000여 명이었다. 교량을 시공하는 석공들의 기술은 물론이거니와 공사를 지휘한 시노하라 촌장의 지도력도 크게 작용한 것으로 평가하고 있다. 그 후 메이지시대(1868년~1912년)가 되어 보강공사를 실시하였는데, 1966년까지 국도의 간선도로로서 사용되어 왔다. 현재는 인근 상류 측에 새로운 교량이 가설되어 있으며, 주요 문화재로서 보존되고 있다.

시모마시키군(下益城郡)의 통윤교(通潤橋)

이 교량은 전장 76.0m, 교장 47.5m, 아치경 27.9m이며, 강의 수면으로부터 높이 20.2m, 폭 6.3m이며, 영대교와 함께 최대급의 '아치형 석조수로교'이다. 교량 상부에는 60~90cm의 석재에 내경 약 30cm의 구멍을 3개 나란히 설치하였으며, 석재와 석재를 연결하는 이음부에는 누수를 방지하고 수압에 견딜 수 있도록 하기 위해 회반죽으로 채워 넣었다.

이 수로교는 물이 높은 곳에서 낮은 곳으로 자연적으로 흘러가게 하는 것이 아니라, '역 사이펀의 원리'를 이용하고 있다. 즉, 한쪽 계곡의 산기슭에 물을 저장해두었다가 밀폐된 3개의 수로관을 통해 아치교가 있는 아래 방향으로 흘려 보내고, 이 물이 아치교를 지나 반대편 계곡의 산 기슭에 설치해둔 저장소로 흘러 들어가는 구조로 되어 있으며, 이때 관에는 상당한 수압이 걸리게 된다. 또한 밀폐된 관의 내부에는 토사가 퇴적되는 것을 방지하기 위하여 교량의 중앙부에 횡방향의 구멍이 설치되어 있다. 보통은 마개를 설치하고 있는데, 토사를 제거하는 경우에는 마개를 걷어내고 물을 방출시킨다. 이전까지는 이 마개를 가을철 수확이 끝난 후에 개방하였기 때문에 관람시기가 제한적이었으나, 현재는 관광용으로 1회 5,000엔으로 언제든지 물을 방출시키고 있다.

또한 교량 공사를 담당한 기술자들은 당시 '교량 명인'으로 알려져 있던 '다네야마 석공'의 우이치·죠하치 형제였다. 이들 형제의 뛰어난 기술과 마을 촌장이었던 후타씨의 열의, 주민들의 협력 등에 의해 불과 20개월의 짧은 기간에 교량을 완성하였다. 죠하치는 그 후 메이지 정부로부터 뛰어난 토목 기술자로 부름을 받아, 도쿄의 '니쥬바시(二重橋)', '만자이바시(万世橋)', '니혼바시(日本橋)' 등을 가설하게 된다.

1
4
2
5
3
6

1. 닛코시(日光市)의 후타라야마신사(二荒山神社) 내의 신교(神橋) (33페이지)
2. 남궁신사(南宮神社)의 석륜교(石輪橋) (34페이지)
3. 히에신사(日吉神社)의 오오미야바시 (36페이지)
4. 고다이지(高台寺)의 칸게츠다이(観月台) (38페이지)
5. 카미가모신사(上賀茂神社)의 카타오카교(片岡橋) (38페이지)
6. 이츠쿠시마신사(厳島神社)의 반교(反橋) (38페이지)
7. 요카신사(与賀神社)의 석교 (41페이지)
8. 기온바시(祇園橋) (41페이지)
9. 나하시(那覇市)의 방생교(放生橋) (42페이지)
10. 이사하야시(諫早市)의 이사하야 안경교 (46페이지)
11. 나가사키 안경교(眼鏡橋) (43페이지)
12. 영대교(霊台橋) (48페이지)
13. 통윤교(通潤橋) (49페이지)

도쿄 스미다강에 설치된 교량을 알려주세요

스미다강은 도쿄의 북쪽에서 남쪽을 향해 흐르는 전체 연장 23.5km의 하천으로서, 도쿄도 북구의 시모에 있는 이와부치 수문으로부터 아라카와(방수로, 放水路, 홍수방지를 위해 인공적으로 설치한 수로)로 나누어진다. 아라카와 강의 원류는 사이타마현의 고무시다케 산이다. 스미다강을 따라 발달한 에도(도쿄의 옛 이름)의 마을들은 1590년 도쿠가와 이에야스가 에도성에 입성한 이후부터 도시 건설이 시작되었다. 스미다강 주변에는 니혼제방 및 스미다제방이 축조되었다. 에도의 서민은 이 제방에서 꽃구경, 저녁노을, 달맞이, 눈맞이 등 사계절의 다양한 자연환경을 즐겼다. 또한 스미다강은 에도의 경제를 담당하는 수로였으며, 생활물자의 운반로 등으로 이용되었다.

스미다강에 최초로 건설된 교량은, 1180년 미나모토 대장군이 지금의 '시라히게바시(自髭橋)' 부근에서 군사용 목적으로 수천의 작은 배를 집결시켜 건설하였다고 전해져오고 있다. 에도시대(1603년~1867년)에 들어온 1594년에는 닛코 가도(日光街道)에서 스미다강을 횡단하는 곳에 '센쥬대교(千住大橋)'가 설치되었으며, 이후 본격적으로 교량이 출현하기 시작했다. 1659년 '료고쿠바시(両国橋)', 1693년 '신오오하시(新大橋)', 1698년 '에이타이바시(永代橋)', 1774년 '아즈마바시(吾妻橋)'가 계속해서 가설되었다. 에도가 발전해가면서 스미다강의 좌측(하류를 바라보았을 때 좌측)에도 마을이 점점 커져 갔으며, 이들 교량은 교통의 요충지로서 중요한 역할을 담당하여 왔다. 당시의 교량 관리는 크게 정부(막부)직할 교량과 민간 관리 교량으로 나누어진다. 에도성의 수로에 설치된 정부직할 교량은 건설부 담당관(作業奉行)이, 도시 내의 중요 지점에 설치된 교량은 지역건설 담당관(町奉行)이 각각 담당하였다. 한편 민간 관리 교량에 대해서는 조합을 만든 경우와 사찰 또는 마을 등이 독자적으로 소유하여 관리하는 경우도 있었다. 당연히 교량 관리는 엄격하였으며, 담당자가 정기적으로 순회하였다. 예를 들어 교량 상부나 아래에서 상점을 열거나 구걸할 수도 없도록 하였으며, 소나 말 등을 묶어두지 못함을 알리는 공고문을 붙이기도 하였다. 이처럼 교량 관리에 철저를 기한 것은 교량 건설에 들어가는 자금과 노력이 엄청나기 때문인 것으로 여겨진다.

메이지시대(1868년~1912년)에 들어와서 철과 콘크리트 등의 재료가 이용되면서 교량의 규모도 비약적으로 커지게 되었다. 스미다강의 최초 '철교'는 '아즈마바시(吾妻橋)'이다. 교장 148.8m, 폭원 11.9m, 지간 48.8m로 트러스 형식의 연철 교량이었다. 교각은 외경 4.3m의 구운 벽돌을 이용한 조적식 원통 우물통 기초이다. 당시에는 마차나 인력거가 대부분이었기 때문에 교면은 목재 상판을 적용하였다. 1893년에는 '우마야바시(厩橋)', 1897년에는 '에이타이바시', 1904년에는 '료고쿠바시', 1912년에는 '신오오하시'가 각각 재설치되었다. 신오오하시는 콘크리트 상판이었으며, 나머지는 모두 목재 상판을 적용하였다. 이들 교량은 관동대지진(1923년 9월 1일) 때에 낙교를 피할 수 있었으나, 콘크리트 상판을 사용한 신오오하시를 제외한 나머지 목재 상판 교량은 화재에 의해 소실되어 버렸다.

관동대지진이 발생한 직후 곧바로 복구작업이 진행되었는데, 일본 내무성 산하에 지진피해 복구국을 설치하였다. 이 복구국의 피해복구사업에 의해 일본 교량기술은 크게 발전하였다. 특히 스미다강의 교량 건설에는 기초공사를 포함한 다양한 신공법과 신재료가 사용되었으며, 5~6

년 사이에 10개의 교량이 완성되었다. 이들 교량은 현재 공용 후 100년 이상이 지났지만 그 역할을 충분히 수행하고 있으며, 스미다강과 함께 아름다운 도시 경관을 창출하고 있다.

이상으로 '도로교'에 대해서 설명하였으며, 대표적인 '철도교'로서는 JR동일본 소우부센(總武線)의 '료고쿠 철도교(兩國鐵道橋)'가 있다. 1932년에 완성된 일본 최초의 랭거 거더교이며, 중앙지간은 96m, 측경간은 겔버형식의 강재 거더교이다. 현재 스미다강에는 22개의 도로교(인도교 1개 포함)와 5개의 철도교가 있으며, 그 외에도 6개의 지하철 노선이 강 아래를 횡단하고 있다.

도쿄 스미다강에 설치된 교량명 순서

에펠탑을 만든 사람은 교량도 만들었다는데, 어떤 사람인가요?

본명은 알렉산더 구스타브 에펠(Alexander Gustave Eifeel)이며, 1832년 프랑스의 디종(브루고뉴 지방)에서 태어나 파리의 중앙공업고등학교에서 화학을 전공하였다. 화학공장을 경영한 숙부가 재학 중에 사망하였기 때문에 화학자가 되는 것을 포기하고 철도시설 제조기사였던 샤를 누보에게 의지하면서 살게 되었다. 이때 강 한가운데에 건설되는 교각의 기초공사를 배운 것이 토목기술자로서의 첫 발을 내딛는 계기가 되었다.

1858년에 처음으로 프랑스 보르도 부근의 가롱느 강에 높이 25m의 교각 6기와 길이 500m의 주철제 거더를 가설하는 '보르도교'의 공사를 지휘하였다. 이때 교각시공에 '뉴메틱 케이슨(pneumatic caisson)'을 적용하였으며 이 공법의 발전에도 크게 기여하였다.

1866년인 34세 때에 자신의 이름을 딴 에펠사를 설립하였으며, 1880년에는 당시 세계 최대 공사라고 일컬어지던 '가라비 고가교'를 가설하였다. 이 교량은 교장 564m, 수면으로부터 높이 122.2m, 중앙부는 직경 165m의 아치로 되어 있다. 양쪽 계곡에 철골제의 교각을 세워 거더를 지지하는 구조이다. 가장 큰 교각의 높이는 89.64m이며, 폭 25m, 높이 28.9m의 석조 기초 위에 높이 61m의 교각을 세웠다.

이때 교량 공사를 위해서 설계 및 공법 연구팀, 구조계산 및 설계팀, 조립공사팀, 공사관리팀 등으로 구분하였다. 에펠탑 건설 시에도 이렇게 구분된 팀을 그대로 활용하였다. 그 후 1889년에는 프랑스 혁명 100주년을 기념하기 위해 개최된 파리박람회를 위한 에펠탑 건립을 시작으로 기계관 건설, 파나마운하의 수문공사, 뉴욕 '자유의 여신상'의 골조공사 등이 모두 이들의 설계에 의해 이루어졌다.

철골구조를 사용하기 시작한 근대 건설기술의 초창기에 있어서 이론적 및 실제적인 측면에서 선두자적인 역할을 발휘한 대표적인 성과물이 바로 에펠탑이라고 할 수 있다. 에펠탑은 4본의 철제 지주의 상부에 탑을 올린 구조이다. 4본 지주의 기초는 동과 남에서는 길이 10m, 폭 6m, 두께 2m이며, 북과 서에서는 길이 15m, 폭 6m, 두께 6m의 콘크리트 위에 약 9,000t의 무게를 지지하고 있다. 또한 탑의 본체에는 연철 7,000t을 사용하였으며, 리벳 약 250만 개가 사용되었다.

탑의 건설작업은 에펠의 직영공장에서 제작한 작은 철골부재를 현장까지 운반한 후, 이를 조립하는 조립식 공법이 적용되었다. 이는 높은 장소에서의 작업을 최대한 줄이기 위한 안전대책과 작업공정을 빠르게 유도하기 위함이었다. 그 결과 26개월 만에 완공할 수 있었다. 한편 작업상에 있어서 사고방지 및 작업원의 노무관리 측면에서도 만전을 기하였으며, 좋은 본보기를 남긴 것으로 알려져 있다.

세계유산협약이란 무엇인가?

세계유산협약이란 1972년 스톡홀름에서 개최된 국제연합 인간환경회의(환경 파괴는 세계 인류 유산의 파손이라는 공동 인식하에 각 국가 간의 국제 협력을 촉진할 목적으로 설립된 회의) 후의 유네스코 총회에서 채택된 것으로서, 정식명칭은 '세계문화유산 및 자연유산의 보호에 관한 협약(1975년 12월 발효)'이다.

문화유산과 자연유산은 그 국가 국민들의 자랑이자 상징이며, 외국인들에게는 그 나라의 역사와 문화를 알게 하는 계기가 된다. 경제적·기술적·학술적 지원의 불충분으로 인해 그 유산을 파손하거나 파괴된다면 이는 국제사회가 공통으로 여기는 귀중한 자산을 잃어버리는 결과를 초래하게 된다. 따라서 이 협약은 유산을 보존 및 보호하기 위해 국제적인 협력과 구조체계를 확립하는데 있다. 또한 한자어로 '유산(遺産)'이라고 하면, '남아진 것'이라는 인상이 강한데, 영어의 heritage에는 '후손을 위해 전수해주는 것'의 의미가 더 강하게 내포되어 있다.

인류 공동의 자산을 다 함께 보호해야 한다는 기본 취지에 따라 대부분의 국가들이 세계유산협약에 가입하고 있다. 한국은 1988년에 세계유산협약에 가입하였고, 북한은 1998년 가입하였다. 일본은 1992년에 126번째 가입국이 되었다.

협약 체결국은 유네스코 분담금의 1%를 분담하게 된다. 사무국은 파리의 유네스코 세계센터 내에 있으며, 세계 여러 나라에 지역사무소가 설치되어 있다. 세계유산의 리스트에 등록되어 있는 것은 2012년 현재 문화유산 745건, 자연유산 188건, 복합유산 29건 등 188개국의 962건이 등재되어 있다.

한국은 석굴암·불국사(1995), 해인사 장경판전(1995), 종묘(1995), 창덕궁(1997), 수원화성(1997), 고창·화순·강화 고인돌 유적(2000), 경주 역사유적지구(2000), 조선왕릉(2009), 한국의 역사마을(하회와 양동, 2010), 남한산성(2014) 등 10건이 문화유산으로, 제주 화산섬과 용암동굴(2007) 1건이 자연유산으로 등재되어 있다. 북한은 2004년 고구려 고분군과 2013년 개성역사유적지구가 세계문화유산으로 등재되었다.

한편 일본에서는 문화유산으로 호류사와 히메지성(1993), 고도 교토의 문화재(1994), 히로시마 평화기념관(원폭 돔, 1996), 닛코 사원(1999), 큐슈큐 유적 및 류큐왕국 유적(2000) 등이 있으며, 자연유산으로서는 야쿠섬과 시라카미 산지(1993) 등이 등록되어 있다.

문화유산은 유럽에는 건축과 도시유산이 많은데 비해 아시아에서는 유적이 많이 있다. 이렇듯이 세계유산은 지리적·역사적인 상황에 따라 각각 특색과 차이를 보이지만, 이는 어디까지나 세계유산협약을 추진한 국가만을 대상으로 한 것이기 때문에 협약국이 늘어나게 되면 분포상황도 바뀌게 된다. 세계유산 리스트에 등록되기 위해서는 유산위원회의 엄격한 심사를 거쳐야 한다. 이 심사기준 이외에 중요한 것은 유산의 계승성이다. 즉, 유산의 보존이 법과 관리체계로 보증되어 있지 않으면 세계유산으로서 인정받지 못한다.

토목유산 중에서 교량 구조물이 등록된 것은 '퐁 듀 가르, 프랑스 소재 로마의 수도교'뿐이며, 1779년 세계에서 처음으로 만들어진 영국의 강교 'The Iron Bridge at Coalbrookdale'는 교량을 포함한 계곡 전체가 세계유산이 되었다. 이 지역은 산업혁명 발상지이기도 하며 반경 2km의 지역에 탄광, 인클라인(경사진 케이블 철도), 벽돌 공장, 용광로 등의 시설 및 박물관이 자리 잡고 있다. 'Iron Bridge'는 이 사적지의 중심적인 시설이다(11페이지 참조).

일본의 3대 기이한 교량이란?

오래전부터 목재로 만들어진 '일본의 3대 기이한 교량'이라고 불리는 교량이 있다. 이와쿠니의 '긴타이교', 카이의 '사루하시', 기소의 '가케하시(桟橋)'이다. 기소의 가케하시 대신에 토야마현의 아이모토바시(愛本橋)라고 주장하는 사람도 있으나, '사루하시'와 구조가 동일하기 때문에 기소의 '가케하시'를 인정하는 사람들이 더 많은 듯 하다. 이것들 중에서 현존하고 있는 것은 '긴타이교'와 '사루하시'의 2개 교량이다.

사루하시(야마나시현 오츠키시)

이 교량은 스이코 천황(33대, 554~628) 때인 600년 백제의 조경박사 지기마려(芝耆麻呂)가 설계한 것으로 알려져 있다. 원숭이들이 강을 건너가는 것을 보고 힌트를 얻어 설계하였다는 전설적인 교량이다. 오랜 침식으로 인해 깊이 파인 계곡을 건너가기 위해 양측 암벽에 나무기둥(이를 일명 하네기라고 함)을 매입하여 설치한 후, 이를 받침대로 활용하여 그 위에 목재 거더를 설치한 구조이다. 이때 사용된 하네기 목재는 한 변이 60cm인 각재를 각각 3열로 4단 사용하였으며, 모두 12본이 설치되었다. 이 교량은 교장 30.9m, 폭원 3.3m, 수면으로부터 높이 31m에 이른다. 다른 교량과 차별되는 특징적인 점은 바깥 측에 설치된 모든 거더에 지붕이 설치되어 있는 점이다. 지붕을 설치함으로써 거더의 부식방지가 가능하며, 교량의 내구성을 높일 수 있게 되는 장점이 있다. 현재의 교량은 1984년에 새롭게 교체하여 재설치된 상태이다.

긴타이교(야마구치현 이와쿠니)

이와쿠니성과 죠우카마치 사이에 흐르는 이와쿠니 강에 설치된 5경간 아치교량으로서, 중앙 3경간은 세계에서도 보기 드문 '목조 다경간 아치교'로 설치되어 있다. 교장 193.3m, 폭원 5m, 높이 12m이다. 목조 아치부는 많은 부재(목재)들이 서로 '맞물린 아치' 형태로 조립되어 있으며, 가장 긴 것은 6.5m에 이른다. 거더는 쐐기 및 가로보 등으로 고정되어 강재 띠를 이용하여 감싸고 있으며, 최대지간 35.1m의 아치교로 되어 있다. 못은 전혀 사용하지 않았다.

이 교량을 최초로 계획한 사람은 이와쿠니의 3대 영주였던 킷카와히로요시이며, 1673년 6월에 공사를 시작하여 약 3개월 만에 완성하였다. 현재의 교량은 2004년에 약 50년이 경과한 교량을 새롭게 교체 시공하였으며, 4번째 교량에 해당한다. 이 긴타이교는 외관뿐만이 아니라 완전한 목조 아치교로서도 세계에서 보기 드문 귀중한 교량이다. 인터넷을 통해 4번째 교량의 시공과정을 상세하게 확인할 수도 있다.

가케하시(나가노현 기소군)

이 교량은 강을 건너도록 설치하는 일반적인 형태의 교량과는 다르게 강과 서로 평행하게 절벽을 따라 설치한 벼랑길 교량이다. 기록에 의하면, 최초로 가설된 때는 1407년으로 길이 약 111m 정도였다고 한다. 당초에는 암반 절벽에 구멍을 파고 나무 각재를 매입한 후, 그 위에 목재 상판을 설치하였으며, 교량 하부 강바닥에 있는 석재에도 구멍을 판 후 둥근 나무기둥을 세워 상부를 지지한 목재 교량 구조였다고 한다. 그러나 이 교량은 홍수에 의해 자주 유실되기도 하였으며, 여행객이 떨어뜨린 횃불에 의해 타버린 경우도 많았던 것으로 알려져 있다. 에도시대가 되어 본격적인 공사가 진행되어 1647년 교장 약 14.5m의 난간이 없는 교량이 만들어졌다. 한편 교량이 설치된 장소는 기소 팔경 가운데 하나인 기소강의 아침안개로도 유명하며, 당시 사람들이 건너가기 어려운 장소로도 유명한 곳이었다고 한다.

칼럼 4

★또 하나의 일본 3대 기이한 교량(토야마현의 아이모토교)

일본 토야마현을 흐르는 쿠로베강(黒部川)은 아이모토 지역을 중심으로 부채모양으로 넓어진다. 이 지점은 교통상의 요지로도 알려져 있다. 이 부근의 강은 그 깊이는 낮으나 급류이기 때문에, 배로 건너지 못하고 걸어서 강을 건너 다녔다고 한다.
1626년, 당시 영주였던 카가(加賀)씨는 이 지역에 교장 62.4m(단경간)의 아이모토교(愛本橋)를 가설하였다. 폭원은 중앙부 3.63m, 양단에서 7.26m이다. 이 교량의 형식을 일본에서는 하네기 형식이라고 하는데, 먼저 양쪽 안벽을 경사지게 굴착한 후, 여러 개의 목재를 안벽 내부에 고정시켜 설치한 후 외부에는 위쪽으로 튀어나오게 하는 구조로 되어 있다. 이 구조는 일본의 또 다른 3대 기이한 교량 가운데 하나인 사루하시(猿橋, 원숭이 교량)와 유사한 형식이다. 메이지시대(1868년~1912년)에 들어와서 목조아치교가 1891년에 가설되었으며, 1920년에 강재 트러스교, 1972년에 강재 아치교(닐슨 로제교)가 원래의 교량 위치에서 50m 하류에 건설되어 현재에 이르고 있다.

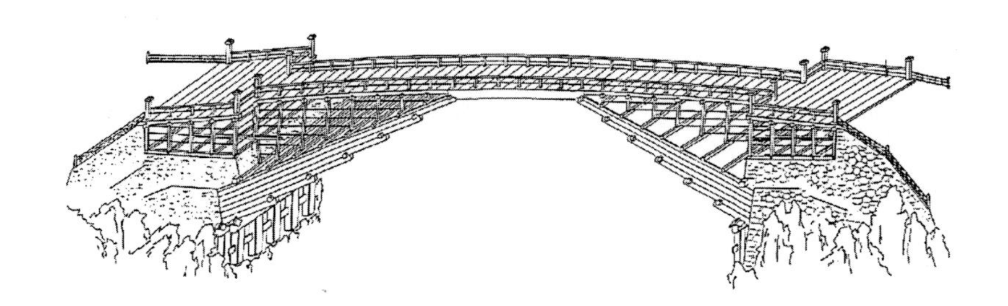

교량과 관련된 대형사고에는 어떤 것들이 있나?

교량과 관련된 사고라고 하면 주로 낙교가 많은데, 기록에 남아 있어 잘 알려진 해외 사고사례를 소개하면 다음과 같다.

런던교(London Bridge)

런던교라고 하면 "London Bridge is falling down, Falling down, falling down. London Bridge is falling down. My fair lady ~"라는 가사가 있는데, 이 노래는 영국의 템스강에 설치된 '구 런던교'에 대해 노래한 것으로서 교량 어딘가가 언제나 손상되어 있었기 때문에, 실화에 바탕을 두고 만들어진 것이라고 알려져 있다.

런던교의 역사는 주변 마을과 함께 하는데 고대 로마시대로부터 동일한 장소에 몇 번에 걸쳐 목재 교량을 가설하였으나, 화재와 홍수에 의해 자주 소실되었다. 이 노래에 등장하는 런던교는 석조 아치교를 말하며, 1209년에 완성된 최초의 본격적인 교량(연장 300m)이다. 아치부의 지간은 4.5~10.3m로 제각각이며, 19기의 교각이 있었다. 1층에는 의류점 및 잡화점 등의 임대 상점과 교회 등이 있었고, 2층부터는 주택이 지어져 있었다. 폭원은 당초 12m 정도였지만, 그 후 상점 및 주택이 들어서면서 넓은 곳에서는 6m, 좁은 곳에서는 3m 정도밖에 되지 않았다. 또한 당시 템스강에 설치된 교량은 이것뿐이었기 때문에, 짐마차·말·통행자 등이 많아 혼잡스러웠으며 작은 사고나 화재가 끊이지 않았었다.

1217년 7월에 화재사고가 발생하여 목조 주택과 함께 교량도 불에 탔으며 수천 명의 희생자가 발생하였다. 1666년에 발생한 그 유명한 런던 대화재 때에도 이 교량은 불에 소실되었다. 완공 이후 600년 이상이 경과하면서 노령화가 진행되어 1831년 283m의 새로운 석조 교량으로 재건되었다.

이 교량은 1968년에 해체되어 현재는 미국 아리조나 주의 유원지에 새롭게 이설하여 설치되어 있다. 한편 영국 런던에는 1971년에 콘크리트 교량이 새롭게 설치되어 현재에 이르고 있다.

티 교(Tay Bridge)

영국 스코틀랜드의 티(Tay)만에 설치되어 있는 이 교량은 낙교된 적이 있다. 1878년 5월에 완성된 교장 3,200m의 단선 철도 트러스교이며 당시에는 세계 최대였다. 1879년 12월 28일 오후 7시가 조금 지나서 비바람이 강하게 몰아치는 가운데 교량 중앙부의 500~600m가 붕괴하면서 기관차 및 승객차 5량, 화물차 1량이 바다로 떨어져 승객 75명이 희생된 사고가 발생했다. 설계자는 철도기사였던 토마스 바우치(Thomas Bouch)였으며 지간 75m의 단순 거더가 연속하는 구조였으며, 건설 당시에는 시공이 불가능하다는 주장이 있었으나 성공적으로 완공하였다. 낙교가 발생한 부분은 13련 트러스 전부와 12기의 철제 교각이었다. 높이 약 27m의 교각부분에는 휨저항성이 크게 요구되지 않는 것으로 판단하여 강철에 비해 쉽게 부러지는 성질을 가지는 주철을 사용하였다. 그뿐 아니라 주철을 사용한 파이프의 품질에도 결함이 있었으며, 이러한 영향에 의해 횡방향의 바람에 견딜 수 없었던 것으로 추정된다. 이 사고를 계기로 교량 설계에 풍압을 고려할 필요가 있음을 인식하게 되었으며, 'Forth Bridge, 스코틀랜드 에든버러' 건설에 큰 영향을 주었다.

타코마교(Tacoma Narrows Bridge)

바람에 의한 낙교사고로 유명한 현수교로는 미국 워싱턴 주 시애틀 부근에 있었던 타코마교가 있다(117페이지 참고).

일본에서 발생한 교량 관련 대형사고는?

현재까지 일본에서 발생한 가장 큰 교량 사고로는 1807년 9월 20일 에도시대 스미다강에 설치된 '에이타이바시(永代橋)'의 붕괴가 유명하다. 도쿄에 있는 하치만신사의 축제를 구경하기 위해서 모여든 많은 사람들이 교량을 건너고 있을 때에 교량의 중간 지점에서 이상한 소리가 나면서 그와 동시에 거더가 붕괴되었다. 붕괴된 교량 위에는 200~300명 정도가 있었는데, 교량이 붕괴된 것을 모르고 뒤에서 계속에서 사람들이 밀려들어 왔기 때문에 수많은 사람들이 강에 떨어져 익사하였다. 사망자 수는 정확하지는 않으나 2,000명이 넘는 것으로 알려져 있다.

이때에 그토록 많은 사람들이 몰려든 것은 그해 8월 19일에 30년간 중지되어 왔던 신사의 축제가 부활하였는데, 비 때문에 4일간 연기되었던 점. 그리고 니혼바시 방면에서 하치만신사로 건너가기 위해서는 에이타이바시가 가장 가까운 길이었던 점. 이때에 축제를 보려고 온 도쿠가와 가문 쇼군의 배가 교량 아래를 통과하기 위해 2시간 이상을 통행중지시켰던 점. 이어서 통행금지를 해제함과 동시에 수많은 사람들이 한꺼번에 교량을 건너가기 시작하였는데, 이러한 여러 영향들에 의해 대형사고가 발생한 것으로 여겨진다.

이 에이타이바시는 1698년에 만들어진 것으로서 교장 200m, 폭 5.5m 정도이며, 스미다강에서는 4번째로 가설된 교량이었다. 이 부근은 당시 여러 나라에서 온 무역선들의 통행이 많았기 때문에 형하고가 충분히 높은 '목교'로 제작되었다.

당시 주요 교량으로는 에도정부가 관리하는 교량, 지자체 또는 무사들이 조합을 만들어 가설한 교량, 민간 및 상인이 독자적으로 건설한 교량 등이 있었다. 에이타이바시는 정부가 관리하는 교량이었으며, 당시 정부 관리 교량이 200개 이상이었기 때문에 교량을 유지관리하기에 많은 비용이 소요되어, 1721년부터는 강 양쪽의 지자체에서 유지관리비를 부담하도록 하여 통행료를 징수하기 시작하였다.

당시에는 승려나 무사들을 제외하고는 통행료를 징수하는 것이 보기 드문 일은 아니었으며, 통행료는 교량 유지관리에 사용되었다. 목교는 일반적으로 10년 정도 시간이 지나면 썩기 시작하며, 수명도 약 20년 정도이기 때문에 통행료만으로는 부족하여 충분한 보수를 실시할 수 없었다고 한다. 에이타이바시는 1719년의 대홍수로 대대적인 보수공사를 실시한 후, 약 90년간은 별다른 보수공사를 실시하지 않았다고 한다. 그뿐 아니라 에이타이바시는 조석 간만의 차이가 심한 강의 하구 부근에 있었기 때문에, 부식된 곳이 많았으며 위험한 것을 알면서도 건너다닌 것으로 추정된다.

붕괴 원인으로는 유지관리가 소홀했던 점이 가장 크지만, 많은 수의 사람들이 한꺼번에 통과하게 됨으로써 교량 거더가 지지하지 못하게 되었을 뿐 아니라, 기초 말뚝의 내력 부족으로 인해 지반 침하가 발생한 것도 지적하고 있다. 교량 붕괴사고가 발생한 이후 교량에 대한 관리 책임자들은 섬으로 귀양을 보냈는데, 이후 귀양지로의 출발점을 바로 이 교량으로 하는 습관이 생겼다고 한다.

1807년 스미다강 축제
에이타이바시
Tad

칼럼 5

★일본의 고대 교량인 세타교의 일부 복원

일본 덴무천황 원년(672년)에 발생한 최대의 내란이었던 '진신(壬申)의 난'의 주된 격전지였으며 교통의 주요 요충지였던 '세타강의 세타교, 시가현 오오츠시'가 일부 복원되었다. 당시의 세타교는 현재 교량 위치로부터 약 80m 하류에 있었으며, 1988년에 교량 유적의 발굴이 시작되었다. 이로 인해 목재 교각간 거리가 15m, 폭 8m, 교장 250m 규모인 것으로 확인되었다. 세타교는 '교토의 우지교(646년)', '교토의 야마사키교(725년)'와 함께 일본 3대 명교로도 불리고 있다. 이 교량들은 고도의 교량기술이 적용되었으며 한국 고대 교량과 유사한 점으로 인해 한반도의 건축기술에 영향받은 것으로 알려져 있다.

세타교는 오오츠시에서 교토로 가기 위한 요충지이며, 예로부터 '세타강을 제압하는 자는 천하를 얻을 수 있다'라는 말이 있을 정도였다. 진신의 난 이후에도 이 교량을 중심으로 수많은 교전이 반복되어 왔다. 일본의 전국시대였던 1571년 당시에는 교량이 없었는데, 이때에 작은 배를 서로 연결한 교량(주교)을 만든 사람이 바로 오다노부나가(전국시대 일본통일의 기반을 닦은 무장)였다. 그는 이 주교를 가설한 후 교토의 엔랴쿠지(延曆寺)를 공격하였으며, 그 후에 교각을 설치한 본격적인 목재 교량을 3개월 만에 완성시켰다고 한다.

1814년 에도시대에는 대교 및 소교의 2개 교량이 있었다. 대교는 연장 175m, 폭 12.6m 정도였으며, 소교는 연장 48.6m, 폭 7.2m 정도였다는 기록이 남아 있다.

발굴된 교량의 일부는 교각 기초부로 추정되는 목재였으며, 수년에 걸친 보존 처리 후 현재 시가현의 비와호 박물관에서 공개하고 있다. 복원된 교량은 폭 12m, 길이 7m, 높이 4.7m 정도이다. 교각 기초부는 먼저 둥근 목재를 격자모양으로 설치한 후, 그 위에 다시 6각형의 받침부를 설치한 형태로 되어 있다.

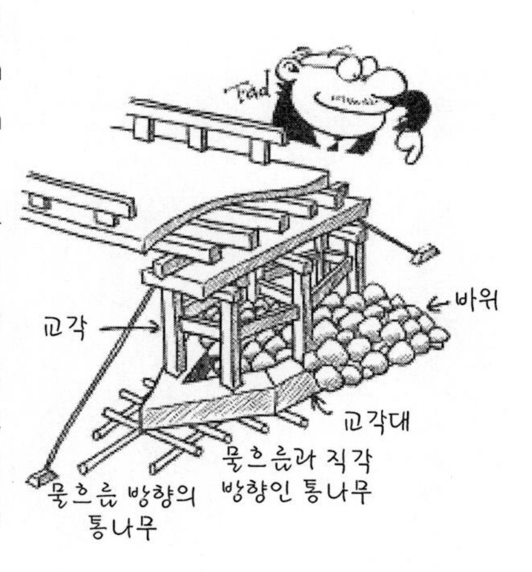

구조 · 형식 2

2 구조·형식

교량에는 왜 여러 가지 형식이 있는 것일까? 그리고 '부체교', '뗏목교', '잠수교' 등이 있는데 어떠한 특징이 있는 것인가? 미래의 초장대교란 어떤 것일까? 등을 이번 장에서 다루고 있다.

교량 구성에 따른 각 부재의 명칭과 역할에 대해서도 설명한다. 그리고 대표적인 교량 형식에 대해서는 그 구성과 원리를 간단하게 설명한다. 그뿐 아니라 다소 특이한 형식의 교량 소개 및 중앙 경간이 약 2,000m인 세계 최장의 아카시대교보다도 더 긴 초장대교량에 대한 계획 등에 대해서 살펴본다.

교량에서 연석과 난간의 역할은?

연석이라는 것은 도로교의 노면 양측에 설치된 것으로서, 노면보다 한 단계 높게 만들어져 있는 것을 말한다. 보도 및 차도가 구분되어 있는 경우에는 보·차도 경계부에 연석을 설치한 후 차량 방호책을 설치하기도 한다. 보도의 연석에는 보행자의 안전 확보를 위해 난간을 설치하게 된다. 보·차도의 구별이 없는 경우에는 차도의 양측에 연석을 설치하고 그곳에 차량 방호책(가드레일)을 설치한다.

연석은 운전자의 시선 유도 및 자동차가 보도나 노면 밖으로 튀어 나가지 않도록 하기 위해 설치한 것이다. 노면보다 더 높게 설치되어 있는 것은 자동차 추돌 시 바깥쪽으로 넘어가지 못하도록 막기 위함과 동시에 난간과 방호책에 미치는 영향을 완화시키려는 목적도 있다. 영어로는 curb(도로경계석)라는 말이 일반적으로 이용되고 있는데, 라틴어의 '굽는다'라는 의미에서 온 것으로 여겨진다. 즉, 야구에서 투수가 던지는 커브라든가, 도로의 커브라는 것은 영어로 curve로 적고 있는데, 그 어원은 서로 동일한 것으로 알려져 있다. 연석은 또 다른 말로 wheel guard 라고도 부른다. 설계에서 연석 높이는 노면으로부터 25cm 이하가 되도록 정해져 있다. 이는 '도로설계기준'에 정해진 '건축한계'기준이다. 도로교는 도로의 일부이기 때문에 도로 설계의 규칙인 도로설계기준이 적용되는 것이다. 이 건축한계는 도로상을 자동차가 지장 없이 통행하기 위한 공간 치수를 결정한 것으로서, 원칙적으로는 노면상 4.5m의 공간을 확보하도록 하고 있다. 그러면 난간 설계 시에 고려해야 하는 것은 어떤 것이 있을까? 난간 높이는 노면으로부터 120cm의 값을 표준으로 한다. 그리고 일반도로상에는 직각으로 250kgf/m의 힘이 수평으로 작용하는 것으로 한다. 난간의 부재는 유아가 빠지지 않을 정도의 간격을 유지하여야 한다.

난간의 일부로서 교량 입구에 설치하는 기둥을 교명주라고 한다. 교명주에는 교량 명칭, 하천 명칭 등이 기록된다. 또한 오래된 교량의 난간

기둥에는 다양한 형식으로 장식되어 있다. 도쿄 '니혼바시'의 교명주에는 앞 다리를 들어 올리고 있는 사자상이 위엄을 뽐내고 있으며, 교량 중앙 전등주에는 날개달린 기린이 위용을 뽐내고 있다. 한편 오사카의 '나니와바시'의 교명주 기둥 위에도 포효하는 사자상이 놓여 있다. 한편 교토를 관통하는 카모가와를 가로지르는 '교토 3조 대교', '교토 4조 대교', '교토 5조 대교'는 오래전부터 이어져온 교토 3대 교량이다. '4조 대교'는 현대적인 콘크리트 난간인데 비하여, '3조 및 5조 대교'의 난간 기둥에는 연꽃모양의 오래된 장식물이 설치되어 있다. 이 장식물은 주로 유명한 성곽 또는 신사의 난간에 사용되었는데, 이를 교량에 적용한 것이다.

교량 형식이 다양한 이유는 무엇인가?

우리 주변을 관심을 가지고 살펴보면 다양한 형식의 교량이 있다는 것을 새삼스럽게 느낄 수 있다. 가깝게는 공원의 조그마한 나무 교량에서부터 나지막한 개울을 이어주면서 휴식공간을 제공해주는 교량, 내려다보면 아찔할 정도로 높은 곳에 설치된 교량, 멀리서 바라보기에 멋진 교량 등 교량 형식은 지형과 거리 풍경 등에 크게 연관되어 있다. 또한 오랜 역사와 함께 교량이 만들어져 왔기 때문에, 그 지역의 역사 문화를 반영한 그야말로 문화유산으로서 중요한 역할을 하고 있는 교량도 있다. 교량 재료의 진보와 더불어 교량을 설계하는 기술의 발전도 크게 영향받게 되었다. 교량 설계에 컴퓨터가 이용되면서 참신한 형태의 교량이 대거 등장하였다.

교량 형식을 결정함에 있어서는 어떠한 기술적인 요인이 반영되는 것일까. 먼저, 교량은 그 총연장에 의해 형식이 달라진다. 교량 양단의 거리를 경간(span)이라고 부른다. 30~50m 이하의 경간에서는 대개 거더교를 적용하는데 이는 강도와 비용 측면에서 합리적이기 때문이다. '강제 거더교'의 경우에는 노면 상판을 철근 콘크리트로 하는 경우가 많으며, 철근 콘크리트 대신에 강상판을 이용하게 되면 교량 자중이 가벼워져 경간 150m 정도의 거더도 가능하다. 거더 중간을 교각(pier)으로 지지하는 것을 연속 거더교라고 한다. 이 경우에는 거더의 지점 간 거리(이것도 경간으로 부른다)를 크게 취하는 것이 가능하다. PC 강재로 보강된 콘크리트 구조를 PC(프리스트레스트 콘크리트, prestressed concrete)구조라고 한다. 박스형 단면의 PC 연속 거더의 경우에는 50~130m 정도의 경간장이 가능하다. 50~100m에서는 일반적으로 트러스교가 유효하지만, 경간장이 500m가 넘는 연속 트러스도 있다. 아치형 교량은 50~200m 정도의 경간을 가진다. 최근에 자주 시공되는 사장교는 80~500m 정도의 예가 많다.

일본에서 유명한 사장교로는 총연장 1,480m로서 중앙 경간 890m의 타타라대교가 있다. 사장교의 중앙 경간은 기술적으로 1,000m 내외까지 가능하다. 그 이상 연장이 길어지는 경우에는 일반적으로 현수교가 적용된다. 1998년에 완성된 아카시대교의 경간(현수교에서는 통상 두 주탑 간의 간격을 경간으로 표현함)은 1,991m로서 세계적인 규모를 자랑하고 있다.

한편 교량에서는 도로 노면이 교량 위쪽에 있는지 아니면 아래쪽에 있는지에 따라 운전자의 조망이 크게 달라진다. 전자의 경우에는 교량 위를 '건너간다'라는 표현이 어울리며 '상로교(deck bridge)'로 불린다. 후자의 경우에는 교량 가운데를 '통과해 빠져나간다'는 느낌이 강하며 '하로교(through bridge)'라고 한다. 이 두 가지의 중간 형태로는 '중로교(half-through bridge)'가 있다. 교량 하부에 여유 공간(형하공간, under clearance)이 확보되지 않는 경우에 주로 하로교를 적용한다.

이렇듯이 교량 형식은 교량 설치지점의 지형과 깊은 관계를 가지고 있으며 지반의 좋고 나쁨에도 크게 좌우된다. 물론 그 지역의 역사와 문화적 특성을 배려할 필요도 있다.

아치교와 트러스교 중에서 어느 쪽이 더 강할까?

'아치교'는 일반적으로 양단 고정의 구조 형식을 가진다. 이에 비해 단경간 '트러스교'에서는 한쪽 단은 고정시키지만 다른 한쪽은 수평으로 이동이 가능하도록 되어 있다. 이런 구조를 '단순지간' 구조라고 한다. 단경간의 거더라면 '단순 거더교', 트러스라면 '단순 트러스교'라고 한다. 아치교에는 양단 지점을 고정한 고정아치교, 힌지구조로 한 2힌지 아치교가 있다. 또한 드물긴 하지만 아치 중앙에 다시 힌지를 넣은 3힌지 아치교도 있다. 힌지는 누르는 힘(압축력이라고 한다)과 인장력에는 저항하지만, 휘어지게 하려는 힘(휨모멘트)에는 저항하지 않으며, 힌지 위치에서 꺾이면서 휘어버린다. 힌지의 개수에 따라서 고정아치(무힌지 아치), 1힌지 아치, 2힌지 아치, 3힌지 아치 등으로 분류된다.

예비지식은 이 정도로 하고 이제 질문으로 들어가보자. 먼저 어느 것이 더 강한가에 답하기 앞서 아치교와 트러스교는 모두 강한 구조형식의 교량에 해당한다. 한편 설계상 안전하다는 것은 사실상 설계 시 고려하지 않았던 사항에 대해서는 위험할 수도 있다는 것을 의미하고 있기도 하다.

아치교에서는 양단 지점이 움직(지점변위가 발생)이게 되면 아치에 무리한 힘이 작용하게 되어 부서지는 위험성이 있다. 다만, 3힌지 아치에서는 다소 지점 변위가 발생하더라도 안전한 구조이다. 바닥에서 양발을 좌우로 벌리고 서보자. 그리고 옆 사람이 그 벌려진 다리 한쪽을 조금씩 천천히 바깥쪽으로 움직여보자. 그러면 한쪽 지점이 이동하게 되면서 서 있기가 힘들어지게 될 것이다. 즉, 넓적다리의 안쪽이 당겨지게 되어 통증을 느끼게 되는데, 이는 응력이 발생하기 때문이다. 이와 비슷한 상태가 바로 아치의 지점이동에 의해 발생하게 된다. 몸이 유연한 사람은 3힌지 아치와 같이 보다 큰 지점 이동에 견디는 것이 가능하다.

단순 트러스의 경우에는 양단을 지지하는 교대가 조금 이동하는 경우에는 교량에 큰 무리가 발생하지 않는다. 그러나 이동량이 점차 커지는 경우에는 교대에서 떨어져 낙교하게 된다. 단순 거더교에서도 동일하다. 이것이 바로 단순 지지 구조의 약점인 것이다. 설계에서는 지진 시에 교량이 교각으로부터 떨어지지 않도록 교각 위에 올리는 부분의 길이를 규정하고 있다. 예를 들면 경간장 100m이며 교각의 높이가 큰 경우에는 그 길이는 1m 이상이 되기도 한다.

트러스교, 아치교, 라멘교의 특징은 무엇인가?

이들 3개의 서로 다른 형식의 교량은 자동차나 사람을 각각 어떻게 지지하는 구조로 되어 있을까. 트러스는 부재가 삼각형으로 연결되어 전체 구조를 형성하고 있다. 직선형의 각 부재는 그 양단에서 힌지로 결합되어 있는 것으로 간주한다. 힌지 결합이란, 힌지의 주위에서 부재가 자유롭게 회전할 수 있는 구조임을 의미한다. 그리고 부재에는 누르는 힘(압축력) 또는 당기는 힘(인장력)만이 작용한다. 이러한 힘을 축력이라 한다. 자동차가 지나가게 되면 '트러스교'는 아래로 처지게 되는데, 부재에는 축력만 발생하게 된다. 단경간 구조의 사례인 단순 트러스에 대해서 살펴보면, 하측의 하현재는 인장을 받게 되고 상측의 상현재는 압축을 받게 된다. 상·하현재의 사이에 위치하는 복부재의 경우에는 통과하는 차량의 위치에 따라 압축력이 작용하기도 하고 때로는 인장력이 작용하기도 한다. 트러스를 이루는 삼각형 각각의 점을 격점이라고 한다. 실제로 격점은 힌지결합이 아니다. 내구성 또는 제작상의 이유로 인해 거셋(gusset)으로 불리는 강판으로 격점이 만들어져 있으며, 부재가 자유롭게 회전되지 않는 튼튼한 구조로 되어 있다. 이러한 격점 구조를 일반적으로는 강결합 또는 강결이라고 한다. 구조역학에서는 부재 간의 이러한 교점을 절점(nodal point)이라고 부른다. 격점(panel point)은 절점과 동일한 의미이지만, 트러스 구조를 설명하는 경우에는 격점이라는 용어가 일반적으로 사용된다. 힌지는 휘어지는 힘을 전달하지 못한다. 그러나 강결 절점은 휘어지는 힘을 다른 부재로 전달할 수 있다. 물론 축력도 전달한다. 실제로 트러스교에 트럭을 올려 실험을 실시해보면, 각 부재의 축력은 격점을 힌지 절점으로 보고서 해석한 이론치와 잘 일치한다. 휨에 의한 응력은 미소하며 강결에 의한 영향은 거의 나타나지 않는다. 트러스는 역학적인 원리를 활용한 매우 훌륭한 구조인 것이다.

강결 절점의 구조를 일반적으로 라멘(독일어 : Rahmen, 영어 : rigid frame)이라고 한다. 각 부재에는 축력과 휨 모멘트가 작용한다. 전단력도 작용하지만 간단히 설명하기 위해 부재의 신축과 휨으로 설명해보자. '트러스교'는 부재에 축력이 발생하여 자동차 등의 하중을 지지하는 데 비하여, '라멘교'는 부재의 축력과 함께 부재의 휘어짐에 의해 하중을 저항하고 있다. 한편 '아치교'는 주로 아치 리브의 압축력으로 하중을 지지한다. 라멘도 아치도 양단 고정힌지로 지지되는 형식이 많은데, 지점에서 발생할 수 있는 부등 변위에 대해 고려하는 것이 중요하다. 이에 대한 이유는 80페이지에서 이미 다루었다.

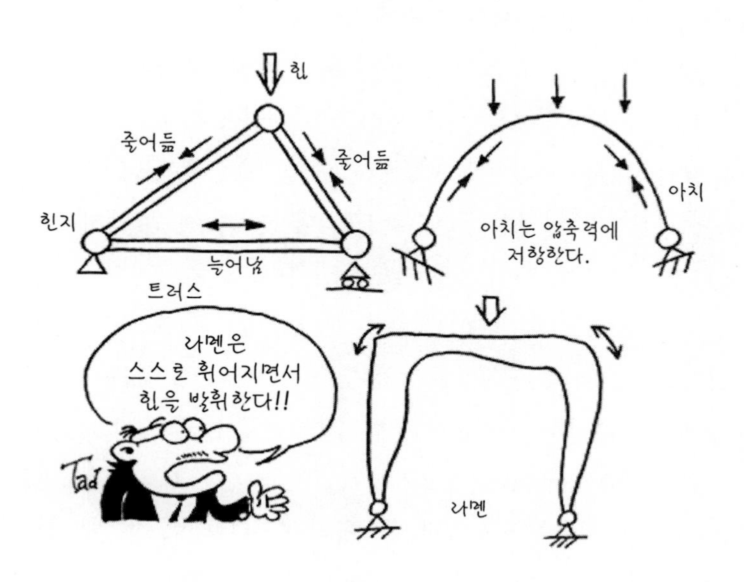

사장교와 현수교는 어떻게 다른가?

'사장교'와 '현수교'의 형태는 이미 알고 있을 것이다. 현수교의 케이블은 자중에 의해 아래로 처진 형상을 취하고 있다. 이 곡선형을 현수선이라고 하며, 조금은 어려운 수식으로 표현되는 멋진 곡선이다. 사장교의 케이블은 주탑(타워)으로부터 똑바로 당겨 보강 거더를 지지하며, 직선 형상이다. 사장교의 직선미와 현수교의 곡선미가 좋은 대조를 이루며 외관을 창출하고 있다.

'현수교'는 일반적으로 2본의 주탑에서 케이블을 지지하여 교량 양단의 앵커 블록에서 그 케이블을 고정하고 있는 형식이다. 케이블을 고정하는 앵커 블록은 교량으로부터 떨어진 지중에 설치하게 되는데, 케이블이 설계치보다 더 느슨해지지 않도록 하는 역할을 한다. 영어의 앵커(anchor)에는 '닻', '고정시키다'의 의미 외에도 '그물망을 당기는 가장 뒤쪽 사람'의 의미도 있다. 따라서 앵커가 지면에 버티고 서서 케이블을 힘껏 당기고 있는 느낌이 잘 떠오를 것이다. 한편 케이블을 교량 거더의 양단에 고정시키는 '자정식 현수교'도 있다. 이 경우에는 앵커 블록은 필요 없지만 케이블의 힘이 보강 거더에 압축력으로 작용하게 되는 특징이 있다.

'사장교'의 케이블은 주탑에서 보강 거더를 당기고 있는데, 주로 3가지 형태로 구분된다. 케이블을 주탑의 한 점에서 방사형으로 당기고 있는 것을 방사형(Radiating type) 배치, 평행하게 당기고 있는 것을 하프형(Harp type) 배치, 방사형과 하프형의 중간 형태로 최근에 가장 많이 사용되는 형식의 팬형(Fan type) 배치가 있다. 일반적으로 사장교는 케이블이 보강 거더에 고정된 자정식이기 때문에 설계 시에는 보강 거더에 작용하는 압축력을 고려할 필요가 있다.

오늘날의 사장교와 비슷한 것은 1784년에 스위스의 레샤(Löscher)가 고안한 경간장 32m의 목재 교량이다. 1800년대 전반기에는 경사진 인장재로서 로프를 이용한 사장교가 유럽 각지에서 만들어졌는데, 바람에 의한 진동과 많은 사람들의 무게로 인해 케이블이 절단되어 낙교하는 사례가 빈번하게 발생하였다. 사고 원인을 조사한 프랑스의 유명한 과학자 나비에(Navier)는 '사장교보다 현수교가 역학적으로 더 우수한 교량형식이다'라고 결론 내렸는데, 이로 인해 이후 1세기에 걸쳐서 사장교는 공백기간을 맞게 된다. 1949년 서독의 디싱거(Dischinger)가 사장교에 관한 연구 성과를 발표하였다. 그는 에르베 강에 계획한 스팬 750m의 철도교의 비교 설계에서 '사장교는 강재 케이블을 사용하여 강력하게 당길 수만 있으면 아주 강한 교량형식이다'라고 주장하였다. 이 교량의 설계는 결국 실현되지 못했지만, 그의 연구를 계기로 다시 사장교가 주목받게 되었다. 1950년대, 고강도 케이블이 개발되어 컴퓨터에 의한 해석기술이 진보하면서 근대 사장교가 유럽을 중심으로 급속도로 보급되게 되었다.

근대 현수교의 원조라고 할 만한 것은 뉴욕 이스트 강에 설치된 '브루클린교, 1883년 준공, 중앙 스팬 486m'일 것이다. 케이블에 처음으로 강선이 사용되었으며, Roebling 가족의 불굴의 노력과 그 결실은 후세에까지 자랑할 만한 것이다. 특히 일본인 최초의 토목기술자로 알려져 있는 마츠다이라 씨가 이 교량의 측량작업에 종사한 것으로도 알려져 있다.

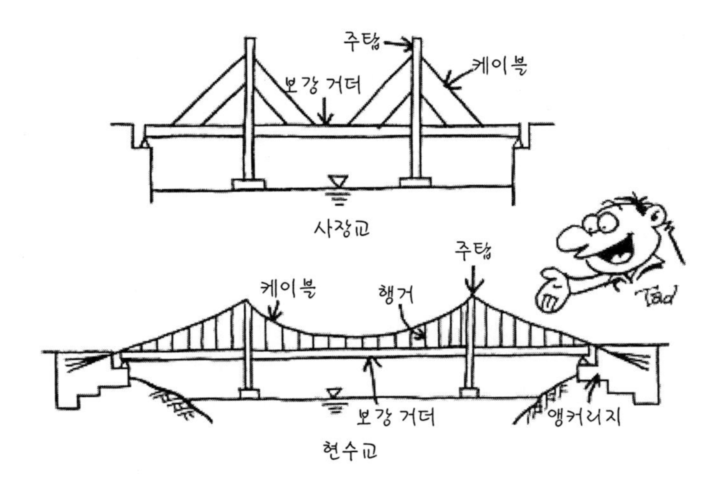

근대 현수교의 원조로 불리는 브루클린교는?

'브루클린교(Brooklyn Bridge)'는 1883년, 뉴욕의 이스트강을 사이에 두고 마천루가 즐비한 맨해튼 지역과 브루클린 지역을 처음으로 연결한 당시 세계 최장의 현수교이다. 중앙 경간 486m, 총연장 1,054m의 이 교량은 구조적인 측면과 재료적인 측면에서 모두 현대 현수교의 원조라고 하기에 충분한 특징을 지니고 있다. 설계자는 독일 태생의 이민자 존 뢰블링(John Roebling)이다. 1806년, 그는 독일의 작은 마을 뮤르하우젠의 담배 가게에서 태어났으며, 야심가였던 모친의 열성적인 지원에 힘입어 베를린 왕립 고등공과학교(베를린 대학)에 진학하여 교량공학을 배웠다. 1831년 정치적 상황이 불안정한 가운데 뢰블링은 그의 형 및 친구들과 함께 아메리칸 드림을 꿈꾸며 여행을 떠난다. 그러나 꿈에 그렸던 농

업은 생각처럼 녹록지 않았으며, 형의 사망을 계기로 토목기술자로 재출발하게 되어 1837년 운하의 측량 및 건설공사에 근무하게 되었다. 운하에는 배를 끌어 올리는 비탈길 및 인크라인이 시공되어 있었다. 당시에는 배를 끌어 올리기 위해 마로프(강인한 마섬유로 만든)를 이용하고 있었는데, 사고가 자주 발생하고 있었다. 그는 독일에서 공부한 철선의 와이어로프를 생각해내고, '와이어로프의 제작방법'을 고안해 특허를 얻은 다음에 회사를 설립하여 큰 성공을 거둔다. 와이어로프를 더욱 발전시켜 1841년 '평행선 케이블의 공중 가설법, 일명 에어스피닝 공법'을 고안하였다. 이 평행선 케이블과 공중 가설공법은 뢰블링을 현수교 기술자로 변화시켰다. 이 공법은 그의 기대에 부응하는 효과를 올리게 되었으며, 오늘날에 이르기까지 장대 현수교의 케이블 공법으로서 중요한 역할을 담당하고 있다.

브루클린교를 착수하기 전인 1855년에는 세계에서 처음으로 와이어 케이블을 이용하여 나이애가라 철도 현수교를 완성시켰다. 성공의 열쇠는 바로 처음으로 적용한 보강 트러스(현수교의 거더 부분)에 있었다. 이로써 당시까지 일반적으로 흔들리기 쉽고 처짐이 발생하기 쉬울 뿐만 아니라 쉽게 부서지는 특징으로 여겨졌던 현수교의 상식을 완전히 바꾸어버렸다. 그 후에 10년의 세월을 걸쳐 1867년 오하이오강에도 현수교를 완성시켰다.

뢰블링은 1867년 브루클린 현수교의 책임기사에 임명되었다. 곧바로 그의 아들인 워싱턴 부부를 기초공법 연구를 위해 유럽으로 유학을 보냈다. 현수교 주탑의 기초공사에는 유럽에서 개발되어 아직까지 적용된 사례가 없는 '뉴메틱 케이슨 공법'이 필요하다고 판단하였던 것이다. 그뿐 아니라 당시 연철제의 와이어 케이블을 대신하여 강제의 와이어를 이용한 점도 높이 평가할 만하다. 강풍에 견딜 수 있게 트러스 구조를 채택하였으며, 흔들림을 억제하기 위해서는 스테이 케이블(주탑으로부터 경사지게 잡아당긴 케이블)을 이용하였다. 존 뢰블링은 현장에서 측량 작업 중에 사고가 발생하여 그 상처로 인해 결국 1869년 63세로 생애를 마감하였다. 그리고 아버지의 유지를 이어받아 아들 워싱턴 뢰블링이 책임기사에 취임하여 지휘하게 되었다. 뉴메틱 케이슨 공법에 의한 주탑 공사는 많은 곤란에 직면하게 되며, 당시에는 아직 불명확하기만 한 케이슨병(잠수병)에 의해 희생자가 속출하였으며, 워싱턴 뢰블링 자신도 잠수병으로 쓰러져 현장에서 지휘를 할 수 없게 되었다. 이에 그의 부인인 에밀리가 남편으로부터 교량기술을 배워 남편을 도와가면서, 남편을 대신해 현장에서 지휘를 이어 나갔다. 이러한 뢰블링 부자, 부처의 불굴의 노력 결과로 1883년 결국 교량 완성을 맞이하게 되었다. 이 교량은 지금도 뉴욕의 심볼로서 그리고 희생과 집념의 결실로서 사람들에게 기억되고 있다.

움직이는 교량에는 어떤 것들이 있는가?

움직이는 교량을 '가동교(movable bridge)'라고 한다. 거대한 성문 입구에서 평소에는 위에 매달아서 열어놓거나 배가 통행할 때에만 거더를 위로 들어 올리는 그런 교량을 말한다. 가동교에는 다음과 같은 4가지 형태가 있다.

선회형(swing) 교량

교량 거더가 연직축을 중심으로 수평면 내에서 회전하여 항로를 개폐한다. 일본 3대 절경 가운데 하나인 교토의 아마노하시다테에는 소우텐교(小天橋)라고 불리우는 선회형 교량이 있다. 오사카시에는 세계 최초의 선회식 부체교(floating bridge)인 유메마이오오하시(夢舞大橋)가 있다. 지간장 280m인 아치교이며 양지점에 부체(pontoon)로 지지되는 교량이다. 마이시마(舞洲) 측에는 회전축을 설치해두고, 유메시마(夢洲) 측의 부체를 터그보트(예인선)로 선회시키고 있다.

승개형(vertical lift) 교량

교량 거더의 양단에 탑을 설치한 후 이 탑을 따라 교량 거더가 상하로 이동하는 형태이다. 일본 사가현에 설치되어 있는 치쿠고강의 철도교는 일본국철이 민영화될 때에 철거될 위기에 처했으나, 지역민들의 적극적인 대응으로 보존된 교량이다. 이 교량은 배가 운행하는 보통 때에는 교량 거더를 들어 올린 상태로 유지하지만, 열차가 통과할 때는 거더를 내려 열차가 통행하게 한다. 1935년 가설되어 일본에서 현존 가장 오래된 승개교이다.

도개형(bascule) 교량

교량 거더의 단부에 있는 수평축을 기준으로 위쪽으로 회전하여 항로를 개폐한다. 개폐하는 교량 거더가 1개인 경우는 일엽식(single-leaf bascule bridge), 2개인 경우는 쌍엽식(double-leaf bascule bridge) 도개교라고 한다. 빈센트 반 고흐가 그린 프랑스 아를의 도개교가 유명하다. 일본에서 유명한 가동교로는 도쿄 스미다강에 건설되어 있는 '카치도키바시(勝鬨橋)'일 것이다. 이 교량은 미국 시카고의 도개교를 참고하여 설계한 것으로서 1940년에 완성되었다. 카치도키바시는 스미다강에 설치된 많은 교량들처럼 3경간의 구조형식이 사용되었다. 측경간(교량의 중앙 경간에 대해서 그 양측의 경간을 말함) 2개는 모두 타이드 아치교이며, 중앙 경간이 한자의 '八'자 형태로 열리는 쌍엽식 도개교이다. 교량 인근에는 러일전쟁(1904년~1905년) 승리를 축하는 기념비가 설치되어 있다. 교통량의 급격한 증가로 인해 1970년을 마지막으로 더 이상 열리지 않는 교량이 되었는데, 이 교량을 다시 가동교로 사용하기 위한 검토가 현재 진행 중에 있다.

한편 공용 중에 있는 일본에서 가장 오래된 도로 가동교는 에히메현의 나가하마대교(長浜大橋)이다. 이 지역은 '히지가와아라시'라는 차가운 하얀 안개가 교량 주변의 4~5km에 걸쳐 길게 늘어져서 장관을 이루는 곳으로도 유명하다.

전개형(rolling) 교량

차바퀴, 롤러 등을 이용하여 교량 거더를 육지쪽으로 끌어들여서 개폐하는 방식을 말한다. 영국 런던의 그랜드 유니언 운하에 설치된 교량이 공용 중인 대표적인 사례이며, 총연장 12m이며 8개의 마디가 접히는 구조로 되어 있다. 교량을 말아 올릴 때는 난간에 설치된 유압 피스톤 펌프의 힘을 이용하고 있다.

부유 거더교, 뗏목교라는 것은 무엇인가?

먼저 '부유 거더교'에 대해서 설명하면 다음과 같다. 큰 비가 내려 하천에 물이 불어나게 되면 나무로 된 목교는 떠내려가 버리는 경우가 자주 발생한다. 나무로 만들어진 교량은 일반적으로 거더나 교각을 연결시키기 위해서 금속으로 된 이음재나 목재 자체에 홈을 파서 서로 연결시키고 있다. 그렇기 때문에 물이 불어나면 강 속에 있는 교각이나 거더는 마치 '문'과 같은 역할을 하게 되어, 결국 물의 흐름을 방해하는 커다란 장애물이 된다. 물이 빠져나가는 정도는 물의 흐름이 빠를수록 커지게 되고 홍수 시에는 상류로부터 큰 돌과 나무 등 여러 가지 물체가 흘러가게 된다. 이러한 물체가 교각에 걸리게 되면 물이 흘러가야 할 공간이 막혀버리게 되어 결국은 제방처럼 되어버리기도 한다. 물 깊이는 급격하게 증가하게 되고 물의 힘에 견딜 수 없게 되면 교각은 흔적 없이 사라져버리게 된다.

그러나 거더를 교각 위에 서로 연결시키지 않고 올려놓기만 하면 강물이 증가하여 거더 위치까지 올라오더라도 나무 거더는 물에 떠오르기만 한다. 거더는 철제 로프를 이용하여 교각에 확실하게 연결해두기 때문에 물의 흐름에 따라 물위에 떠 있게 된다. 수위가 다시 내려가게 되면 강변에는 거더만 남게 된다. 이후에 붕괴된 부분을 수리하고 교각 위에 거더를 다시 올려놓으면 되는 것이다. 이것이 바로 '부유 거더교'의 기본 원리이며, 처음부터 너무 튼튼하게 시공해두지 않고서 떠내려가게 되면 다시 고쳐서 사용하면 된다는 발상을 토대로 한 것이다.

현재까지 일본에서 만들어진 최장의 부유 거더교는 교토 기즈가와라는 강의 하류에 있는 '코오즈야바시'이며, 연장 356m, 폭 3m의 목교이다. 이 지방에서는 이 교량을 '물에 떠 있는 교량'이라고 부르기도 하였다. 원래는 나룻배가 있었으나 1951년에 이 교량이 가설되었다. 교량의 지간은 5m이며 교각은 모두 74기가 있었다. 교량이 긴 경우에는 거더 전부를 1개의 로프로 연결하는 것이 무리이기 때문에 몇 개로 구분하게 된다. 이 교량의 경우에는 40~50m 정도의 크기로 모두 8개로 구분하였으며 각각 교각에 연결되어 있다.

1990년 9월에 발생한 태풍에 의해 거더가 모두 떠내려가 버렸으며, 이로 인해 보수 비용 측면에서 영구 교량으로 새롭게 건설하는 것이 경제적이라는 의견이 나오기도 하였으나, 주민들의 노력에 의해 지금까지 존속되고 있는 실정이다.

이 외에도 오카야마현에 '칸게츠교'가 있는데, 이 교량은 연장 약 80m, 폭 1.2m의 규모이다. 각 경간은 2열의 상판으로 되어 있으며 길이 4m, 폭 1.2m, 두께 10cm, 콘크리트 말뚝을 이용한 교각으로 시공되었다. 1956년 이전에 만들어진 것으로 알려져 있다. 1개의 와이어 로프에 10개의 목재 상판이 연결되어 양쪽 기슭에 계류되어 있다. 교량의 높이는 당연히 제방보다도 꽤 낮은 곳에 위치하고 있으며 난간도 설치되어 있지 않다. 또한 2열로 된 교량 상판의 중앙부에는 어느 정도 간격이 있어 교량 아래가 보이기도 한다. 앞에서 소개한 두 교량은 교각 및 교량 상판이 모두 꽤나 튼튼하게 시공된 사례이다. 그러나 넓은 평야지나 사람의 왕래가 적은 장소에 설치되는 경우에는 교량을 건너게 될 때 상판이 출렁거리면서 교량 전체가 너울거리는 경우도 있다. 대표적인 교량은 도쿠시마시에 있는 '뗏목교'로서 정식 명칭은 '하마다카호우바시(浜高房橋)'이며 원래는 개인이 소유한 것이었다고 한다. 뗏목교라는 이름에서도 알 수 있는 것처럼 나란히 설치된 상판이 서로 매우 불안정한 상태임을 짐작할 수 있다.

잠수교라는 것은 무엇인가?

일본 여러 지방의 하천에는 홍수 시에 목재 거더가 교각과 분리되어 물위에 떠오르게 되는 '부유 거더교' 이외에 난간도 없이 콘크리트 블록만에 의한 상판이 교각 위에 올려져 있는 교량이 있다. 이 교량은 하천의 물이 불어나게 되면 교각과 거더가 모두 수중에 침수되어, 물의 흐름에 가능한 한 저항하지 않도록 하게 한 것으로서, 흔히 '침하교' 또는 '잠수교'로 불리고 있다. 거더가 수중으로 완전히 빠져들게 되면 부유 거더교처럼 하천의 각종 부유물과는 관계없이 저항하지 않게 된다.

비교적 긴 잠수교로는 히로시마현 후쿠야마시의 아시다강에 있는 '호온지교(法音寺橋)'를 포함하여 7개 교량, 고치현 시만토강에 여러 잠수교 등이 있다.

세토내해 주변에는 연간 강우량이 적은데, 일단 비가 오기 시작하면 유로가 짧기 때문에 토사의 유출도 많고 하천이 자주 범람하게 된다. 이 주변에 위치한 아시다강은 약 300년간 70여 회에 걸친 홍수가 기록되었다. 호온지교는 이 강의 하구로부터 약 250m 상류에 있는데, 원래는 거더교였으나 1940년에는 석교, 1957년에는 잠수교가 되었다. 교장은 약 250m, 폭 2m이며, 거더인 콘크리트 블록 1매의 두께는 30cm, 폭 50cm, 길이 5m의 4열이 나란히 설치되어 있다. 블록 1매의 무게는 약 1.8t이다.

시만토강 유역은 여러 지류가 한곳으로 모여들기 때문에 홍수가 자주 발생한다. 이곳에는 원래 부유 거더교가 설치되어 있었는데, 하천의 폭이 넓고 유량도 많기 때문에 가끔씩 교각 및 거더가 통째로 떠내려가 버리는 경우가 많았다. 한정된 예산으로 떠내려가지 않는 튼튼한 교량을 만들기 위한 노력 끝에 1955년 제대로 된 잠수교를 처음 설치할 수 있게 되었다. 그 후 고치현에는 많은 잠수교가 만들어졌는데, 시간이 흐르면서 점차 큰 교량으로 교체되었으며 현재는 4개의 교량뿐이다. 그중에서도 제일 하류에 위치한 나카무라시의 '사타 잠수교'는 총연장 290m이며, 현재도 강을 왕래하는 사람과 자동차의 귀중한 교통로로 활용되고 있다.

고치현의 '나카하게 잠수교'는 제방 도로로부터 10m 정도 낮은 위치에 설치되어 있다. 바로 아래의 하류에는 1997년 3월에 총 공사비 13억 엔을 들여서 높이 17.5m의 '하게대교'가 만들어졌기 때문에, 물의 흐름을 방해한다는 이유로 철거될 예정이었으나, 특이하게도 두 교량이 서로 공존하는 것으로 결론이 났다.

시만토강의 잠수교는 그 형태가 자연과 조화를 이루도록 하고 있으며,

교량 보존을 요청하는 목소리가 현 내외에서 높아짐에 따라 고치현에서는 원칙적으로 보존하도록 결정하였다. 왕복 2차선 규모의 일반 교량 건설비는 대략 400만 엔/m인 것에 비해, 잠수교는 그 1/10 정도로 알려져 있다. 잠수교를 적용하게 되면 교장이 짧아지게 되어 건설비가 더욱 낮아진다.

현재 잠수교에 대한 입장은 보존하여 그대로 이용하는 것이 더 유용하다는 의견과 당시 입장에서는 효율적인 교량이었지만 이제는 그 필요성이 점차 사라지고 있다는 의견이 서로 양분되어 있다.

교각 기초형식에는 어떤 종류가 있는가?

교량에서 기초라는 것은 구조물의 일부로서 주로 지중에 설치되는데, 거더와 교각 등을 포함한 구조물의 자중 및 구조물에 추가로 작용하게 되는 자동차, 열차 등에 의한 외력을 안전하게 지반으로 전달해주는 역할을 한다. 구조물의 대부분이 이 기초 위에 놓이기 때문에, 기초를 지지하는 지반과 함께 완벽한 시공이 이루어지지 않으면 안 된다. 또한 기초를 지지하는 지반, 즉 지지층으로 적합한 것은 강한 사질층, 사력층, 암반지반 등이며 점토질층은 적합하지 않는 경우가 대부분이다.

먼저, 기초의 분류로는 지지층까지의 깊이에 따라 얕은 기초와 깊은 기초로 나누어지며, 얕은 기초로는 '직접기초', 깊은 기초로는 '말뚝기초', '케이슨기초' 등이 있으며, 그 외에 '특수기초'도 있다. 이러한 기초들은 지지 지반과의 깊이에 따른 것으로서 그 특징은 다음과 같다.

직접기초(spread foundation)

기초저면의 지반만으로 전체를 지지하기 때문에 기초 자체를 강체 구조로 보고 있으며 변동하지 않는다.

케이슨 기초(cassion foundation)

케이슨(우물통)을 지반 속에 매립하여 지지 지반 위에 정착시킨다. 케이슨 주위의 지반도 외력에 함께 저항하기 때문에, 기초 자체는 변동하지 않는다.

말뚝기초(pile foundation)

말뚝 선단으로 지지하는 지지말뚝과 말뚝 주위 면과 지반과의 마찰로 지지하는 마찰말뚝이 있다. 말뚝은 가늘고 길며 휘어지기 쉽기 때문에, 변형도 쉽게 발생할 수 있어 이러한 특징을 고려한 설계가 필요하다.

한편 기초는 건설지점에서의 지반상황, 상부구조와 관련된 조건, 시공방법과 관련된 조건, 주변환경에 미치는 영향 등을 종합적으로 고려하여 그 형식과 공법이 결정되며 기초를 선택하는 일반적인 조건은 다음과 같다.

건설지점에서의 지반상황

여기에서의 지반상황이란 곧 지지층까지의 깊이를 의미하며 얕은 기초와 깊은 기초로 나뉜다.

상부구조와 관련된 조건

기초는 상부구조(거더 등)를 안전하게 지지하여야 하는 것이 기본이기 때문에 교량의 종류에 따라 적합한 것을 선택하여야 한다. 예를 들어, 연속 거더교에서는 기초를 포함한 하부지반의 변형 및 침하가 발생하지 않도록 한다. 이에 비하여 기초 건설비가 너무 높아질 것으로 예상되면 다소 침하를 허용할 수 있는 단순 거더교로 하는 경우도 있다.

시공방법과 관련된 조건

교량은 평야지에 있는 하천뿐만 아니라 계곡, 도심지, 바다, 호수 등을 건너가기 위해 다양한 장소에서 건설된다. 그렇기 때문에 기초의 설계조건은 건설 장소 및 교량 종류에 의해 서로 달라지며, 적절한 기초형식을 선택하는 것이 매우 중요하다.

주변환경에 미치는 영향

도심지와 민가가 많은 곳에서 말뚝을 해머 또는 진동기계 등으로 타설하게 되면 진동과 소음이 문제로 대두된다. 또한 굴착한 토사가 강이나 호수로 흘러 들어가게 되면 수질오염을 불러 일으켜 자연환경을 파괴하게 된다. 이렇듯이 교량을 건설하는 장소의 주변환경 및 자연환경을 파괴하지 않는 기초의 건설방법이 필요하게 된다.

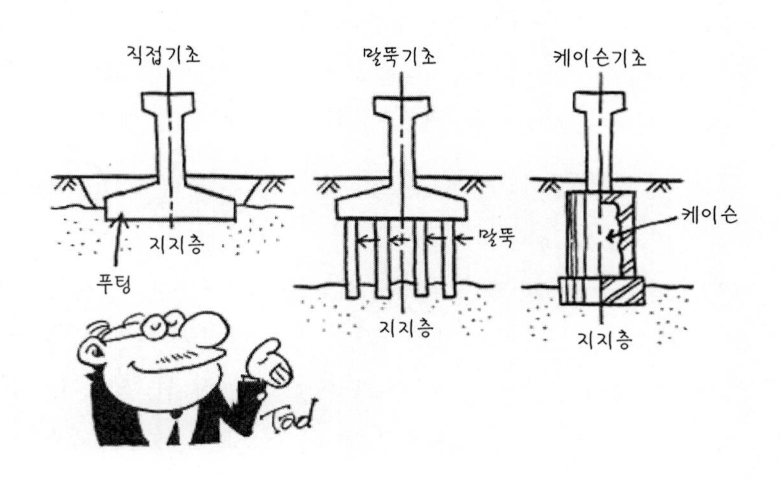

장대교량보다도 더 긴 초장대교량이란?

경간이 1991m인 아카시대교보다도 더 긴 초장대교량(super long span bridge)이 연구되고 있다. 아카시대교가 경간장을 세계 최고급으로 할 수 있었던 것은 고강도 케이블을 개발한 것이 중요한 요인으로 작용하였다. 케이블은 교량을 매달고 있기 때문에 큰 힘의 장력이 작용하고 있다.

이전에는 160kgf/mm^{2}의 강도를 가지는 강선이 사용되었으나, 아카시대교에서는 180kgf/mm^{2}의 강이 개발되었던 것이다. 직경 1.1m인 주 케이블은 36,830본의 소선으로 이루어져 있으며, 각 소선의 직경은 5.23mm이다. 소선 1본은 3,866kgf의 장력에 견딜 수 있으며, 결국 주 케이블은 14만tf의 인장력을 가지게 된다. 아카시대교는 아직까지도 세계 최장의 현수교인데, 이 규모를 훨씬 뛰어넘는 초장대교량의 검토가 진행 중에 있다. 이탈리아 본토와 시칠리아 섬을 연결하는 메시나 해협과 스페인과 모로코 사이의 지브랄타르 해협에 계획 중인 교량을 소개하고자 한다.

메시나해협대교

교량안·터널안·수중터널안 등이 각각 검토되어(이렇게 실현 가능성을 검토하는 것을 피지빌리티 스타디라고 한다) 안전성, 경제성, 공사기간, 유지관리 등의 측면에서 가장 효과적인 교량안이 선택되었다. 해협부의 최대 수심은 570m이며 많은 단층이 존재하고 있는 점, 교량 양측으로부터 해저구배가 급한 점 등의 특징이 있다. 이런 점을 감안하여 단일 경간으로 해협을 건너도록 하였으며 중앙 경간 3,300m, 철도 및 도로 겸용의 현수교를 계획하였다. 보강 거더에 대한 내풍대책으로는 현재까지 시도된 적이 없는 3개의 박스 거더를 가로보로 연결하는 특이한 구조가 검토되었다. 아쉽게도 이 교량은 현재 전세계적인 경제상황 악화로 인해 취소된 상태이다.

지브랄타르 해협교량

이곳에는 원래 터널안 1개, 교량안 2개가 검토되었다. 교량안은 서쪽의 대륙붕 루트와 동쪽의 해협루트가 각각 검토되었다. 대륙붕 루트는 전체 연장 28km, 수심 약 300m이며, 해협 루트는 전체 연장 14km, 수심 약 900m이다. 대륙붕 루트에서는 중앙 경간 3,500m의 3련 현수교가 고려되었다. 그리고 해협 루트에서는 중앙부 수심이 450m, 경간장 5,000m의 4련 현수교가 제안되었다. 이 구간은 결국 터널안이 채택되었으나, 흥미로운 것은 T. Y. Lin이 제안한 경간장 5,000m의 교량이다. 그는 사장교와 현수교를 조합한 형식의 교량을 제안하였다.

장대교량에서는 내풍 안정성이 중요한 문제로 대두된다. 경간장이 커질수록 바람에 의한 수평방향의 변형이 커지게 되어 결국은 풍하중에 의해 교량의 단면이 결정된다. 어느 풍속을 초과하게 되면 바람과 교량의 상호작용에 의한 영향으로 인해 교량진동이 발산적으로 증가하기도 한다. 이러한 현상을 플러터(flutter) 현상이라고 한다. 바람에 펄럭이는 깃발을 한번 떠올려보기 바란다. 플러터에는 그 진동의 형태에 따라서 휨, 비틀림, 그리고 양자가 복합된 것 등 3가지 형태가 존재한다. 장대교에서는 내풍 안정성 확보가 특히 큰 과제로 대두되는데, 중앙 경간 2,000m급의 아카시대교 실적이 있다고 하더라도 3,000m급에서도 안전하리라는 보장은 없다. 향후, 케이블 구조, 보강 거더의 형상 등을 다양한 각도에서 검토할 필요가 있으며, 그뿐 아니라 가능한 한 큰 모형을 만들어 풍동실험을 실시하여 설계 이론을 검증할 필요가 있다(121페이지 참조).

교량받침부는 무엇 때문에 설치하는가?

교량에는 여러 가지 형식이 있는데, 일반적인 교량의 경우에는 거더를 지지하고 있는 교대(또는 교각) 위에는 반드시 그림과 같은 장치가 있다. 이것을 받침 또는 슈(shoe)라고 한다.

받침은 교량의 상부구조(거더)로부터의 힘(받침부 반력)을 하부구조로 전달하는 역할을 한다. 또한 지진과 바람 등의 횡방향 하중에 대해서도 상부구조가 안정을 유지하기 위해 이용된다.

받침이 가지고 있는 기능으로는 ① 거더 자체의 무게와 자동차 및 열차 등의 주행하중에 의한 힘을 하부구조에 전달하는 전달기능, ② 온도 변화 등에 의한 거더의 신축에 대응하는 신축기능, ③ 처짐에 의한 거더의 회전에 대응하는 회전기능 등이 있다.

일반적으로 단순 거더교의 경우에는 1개 지점에서는 거더를 확실하게 고정시키고 또 다른 지점에서는 거더가 수평방향으로 자유롭게 움직일 수 있도록 하고 있다. 이것을 각각 '고정받침', '가동받침'이라 한다.

고정받침은 거더의 받침부 반력과 수평력을 전달하지만, 교축방향(교량의 길이 방향)의 회전에는 자유로우며 휨모멘트를 전달하지 않는 일종의 힌지 구조이다. 한편 가동받침은 받침부 반력만을 전달하며, 교축방향의 수평이동 및 회전에 대해서는 모두 자유롭게 거동한다.

받침에는 여러 가지의 종류가 있으며 상부구조 및 지간의 길이에 의해 구분되는데, 신축량이 작은 경우에는 판형상, 큰 경우에는 롤러를 이용한 것이 사용된다.

받침은 거더 아래에 위치하기 때문에 통상적으로는 눈에 보이지 않지만 교량에서 매우 중요한 장치이다.

1995년 1월 17일에 발생한 고베대지진 이후에 많이 사용되고 있는 받침으로는 '면진받침'이라는 것이 있다. 면진받침에 대해서는 110페이지를 참고하기 바란다.

칼럼 6

★구운 벽돌을 사용한 교량

구운 벽돌을 이용하여 교량을 건설하기 시작한 것은 메이지 시대에 정부로부터 고용된 외국 기술자들에 의해서다. 그중에서도 일본 내 최대 규모의 교량은 JR 신에츠혼센 철도노선의 우스이 계곡에 설치된 '우스이강 제3교'이다.
이 교량은 영국인 기술자 파우넬이 중심이 되어 설계한 것으로 연장 약 90.8m의 4련 아치교로서, 1892년 12월에 완성되었다. 우스이 계곡은 계곡 기울기가 급하기 때문에 일본 최초로 톱니바퀴를 이용한 아브트식 철도시스템(Abt system)을 적용하였다. 신에츠혼센 철도노선(현재는 폐선로)에 설치된 교량과 터널군은 1993년에 주요 문화재에 지정되었으며, 군마현에서는 철도길을 새로이 정비하여 산책로로 개방하고 있다.
신에츠혼센을 이용하여 고향을 방문했던 당시의 많은 승객들은 급경사의 철도노선으로 인해 천천히 진행할 수밖에 없었던 기차 내부에서 이 지방의 특산물인 가마메시(작은 솥째로 밥상을 낸 도시락)를 먹어가면서 이 벽돌구조의 교량을 건너 다녔다고 한다.
또한 일본에서 유명한 전통 창가(唱歌) 중에 하나인 '모미지, 단풍'은 우스이 계곡을 노래한 것인데, 가을 단풍이 매우 아름다운 곳으로 알려져 있다. 1997년 10월 1일 후쿠리쿠 신칸센의 개통에 의해 현재 이 노선은 폐지되었다. 벽돌 구조로 된 교량은 건축 구조물에 비해 많지 않은 편이며, 규슈의 북쪽 지방에 있는 '오차마치교', 도쿄 지하철의 하나인 야마노테센 및 주오센의 신바시~오차노미즈 사이의 '고가교', 교토 난젠지에 있는 '수로교' 등이 현존하고 있다.

설계 · 경관 3

3 설계·경관

아주 거대한 교량의 보강 거더라 하더라도 온도변화에 의해 늘어나기도 하고 줄어들기도 한다. 교량 위로 무거운 차량이 통과하게 되면 스트레스를 받게 되고 경우에 따라서는 피로 현상이 나타나기도 한다. 마치 살아 있는 생명체를 얘기하고 있는 것 같지만 사실은 교량 구조물도 그러하다.

단면이 동일한 크기의 기둥이더라도 긴 기둥은 짧은 기둥에 비해 약하며, 장대 현수교에서는 지진력보다도 횡방향의 풍하중에 의한 진동에 더욱 더 주의하여야 한다. 이번 장에서는 이러한 여러 가지 종류의 하중 및 변형, 구조특성 등 교량을 어떻게 설계하고 있는지에 대해 살펴보고자 한다.

교량의 구조설계는 어떻게 하는 것인가?

나무로 책상을 만드는 것을 생각해보자. 자, 무엇부터 시작해야 할까. 먼저 책상 위에 어떤 것을 올릴 것인지, 그리고 그 크기나 무게는 어느 정도인지를 결정해야 할 것이다. 그 다음에는 단순한 스켓치를 해서 그림으로 표현하는 경우가 있을 것이다. 이때 책상에 머리를 부딪치지 않도록 책상 아래 공간 확보에도 주의하게 되고, 책상의 재질 및 색상, 디자인 등을 고려해나갈 것이다.

그리고 가장 큰 것을 올렸을 때의 길이와 폭도 고려해야 할 뿐만 아니라 무거운 것을 가득 올리더라도 파괴되지 않아야 하며 크게 쳐지지도 않을 정도의 두께를 가지는 판자를 준비하여야 할 것이다. 큰 마음먹고 만드는 것이기 때문에 장래에 조금 더 무거운 것을 올릴 경우도 생각해서 강도에 어느 정도 여유를 두는 것도 잊지 않아야 할 것이다. 마지막으로, 이 판자와 가장 무거운 중량을 함께 지지할 수 있는 기둥을 만들고 이어서 각각의 부재를 연결시킬 금속재료 등을 준비하여 책상을 하나하나 완성시켜나갈 것이다.

교량 구조설계의 전체적인 흐름도 역시 이 책상을 만드는 것과 그다지 차이가 없다. 먼저, 설계조건을 설정할 필요가 있다. 책상이 곧 교량이 되며, 책상 위에 올리는 것은 자동차나 열차, 사람이라고 생각하면 된다. 이들이 주행 또는 보행하는 데 필요한 공간이 바로 '건축한계(76페이지 참조)'가 되며 이 공간을 확보하여야 한다. 교량은 하천과 해협, 도로 또는 철도 등을 가로질러 설치하는 경우가 많기 때문에, 교량 거더 아래로 선박이나 차량이 주행하기 위한 공간(형하고, under clearance)도 확보하지 않으면 안 된다(79페이지 참조).

교량의 중요도와 차선수, 교량 길이 등으로부터 하중의 크기와 변형량 등의 조건이 주어지고 건설비용 측면과 주위 환경(지반조건·시공성·미관 등)에 의해 구조형식이 결정된다. 이어서 자재의 운반과 가설을 고려하여 연결위치를 결정해가면서 시공이음부를 정하기도 하며 교량의 구조도(골조 뼈대)를 그린다. 책상이 길어지면 중앙에 처짐이 발생하기 때문에 이를 방지하기 위하여 지지점의 수를 늘리는 것처럼, 교량에서도 가교부가 길어지게 되면 도중에 교각을 설치하여 지지점을 만들게 된다.

하중은 주행차량 등의 '활하중, live load' 이외에도 교량 자체의 하중인 '고정하중(dead load)'을 고려할 필요가 있다. 또한 외력으로서는 '지진하중', '풍하중', 그리고 차량이 브레이크를 걸게 될 때에 발생하는 '제동하중' 등이 있으며, 이들에 대해 안전성 및 사용성을 만족할 수 있도록 설계하지 않으면 안 된다. 이를 위해서 먼저 단면의 크기와 형상(사각형 단면의 책상이라면 폭과 판의 두께)을 가정한다. 미리 실험과 이론 등에 의한 재료의 단위 단면적당의 강도는 알고 있기 때문에, 단면의 크기와 형상이 주어지면 구조계산에 의해 응력과 변형의 크기가 계산되고 설계조건을 만족하는지를 체크하게 된다.

설계조건이 만족되지 않을 경우에는 단면을 변경하여 다시 구조계산을 실시하고, 설계조건을 만족하는지 재검토한다. 이러한 작업을 반복하여 적정한 단면형상과 단면크기가 결정된다. 구조계산과 검토는 교량의 세부 구조까지 한꺼번에 수행하는 것이 아니라 작용하는 하중에서 가까운 곳부터 순서대로 진행한다. 예를 들면 '도로교' 중에서 '합성거더교'에서는 바닥판, 거더, 연결부, 보강재, 브레이싱, 가로보 등의 순서로 구조설계를 실시하고 마지막에 처짐을 검토하는 것이 일반적이다.

지진에 강한 교량의 원리를 알려주세요

일반적으로 지진에 강한 구조물을 만드는 기술에는 먼저 ①구조물을 큰 단면으로 만들어 저항하는 방법, ②강한 재료를 이용하여 저항하는 방법 등 지진에 대해 힘으로 저항하는 방법, 즉 내진기술이 있다. 이 방법에 비해 구조물과 지반을 지진 시에만 자기 부상열차와 같이 공중으로 띄워(절연시켜) 지반에 의한 영향을 전혀 받지 않게 할 수도 있으나, 이는 기술적으로 어려움이 많다. 그런 관점에서 일부분이라도 구조물을 '고무와 같이 부드러운 것'이나 '얼음과 같이 미끄러지기 쉬운 것' 위에 올려 두면 지진에 의한 흔들림을 피할 수 있게 되는데, 이 개념이 바로 면진(base isolation)기술이다.

면진교량은 기존에 사용하던 받침 대신에 면진장치를 설치하여야 한다. 이 면진장치는 지진에 의한 진동이 하부구조로부터 상부구조에 전달되는 것을 방지하기 위한 장치인 '아이솔레이터'와 지진에 의한 진동 에너지를 흡수하기 위한 장치인 '댐퍼'로 구성되어 있다. 면진교량으로 하게 되면 지반으로부터의 진동을 부드럽게 흡수하여 지진 시 구조물의 응답을 상당히 저감시키는 것이 가능하다. 아이솔레이터는 구조물을 지지한 상태로 수평방향으로 부드러운 왕복운동을 하는 스프링의 역할을 하는 것으로서, 일반적으로 적층고무(얇은 철판과 고무를 중첩하여 만든 것)가 이용된다. 한편 댐퍼는 지진 시에 구조물의 수평변위를 작게 하여 가능한 한 빨리 진동을 감쇠시키는 역할을 하는 것인데, 연한 강봉이나 납 플러그 등의 소성변형을 이용하는 탄소성 댐퍼 및 점성체의 저항력을 이용하는 점성 댐퍼 등이 있다.

건축분야에서의 면진구조는 적층고무와 댐퍼를 병렬로 설치하는 경우가 많은데, 교량의 면진받침은 거더와 교각 사이의 공간협소 및 경관배려 등으로 인해 건축용보다 소형의 것이 요구된다. 이로 인해 아이솔레이터의 역할은 적층고무에, 댐퍼의 역할은 납 플러그에 부여한 LRB(lead rubber bearing) 받침이나, 적층고무에 아이솔레이터와 댐퍼의 역할을 동시에 부여한 고감쇠적층고무(HDR, high damping rubber) 받침 등이 교량에 자주 이용되고 있다.

면진교량의 특징으로 그림(우)은 교량의 고유주기와 교량에 작용하는 지진력을 감쇠성능 대소에 따라 표시한 것이다. 고유주기가 길어지고 감쇠성능이 높아질수록 지진력은 작아지는 것을 알 수 있다. 또한 고유주기가 길어지면 상부구조의 변위는 커지는 것을 알 수 있다. 지진력을 작게 할 뿐이라면 면진받침만을 이용하여 교량의 고유주기를 길게 하면 되지만, 그렇게 하는 경우에는 상부구조의 움직임이 과다하게 되어 인접한 상부구조가 서로 충돌하거나 신축장치의 파손이 발생하게 된다. 따라서 면진받침을 사용함으로써 고유주기를 길게 하여 지진력을 줄이는 동시에 감쇠성능을 향상(즉, 댐퍼를 병용)시켜 상부구조의 움직임도 억제하는 것이 바로 면진교량의 특징이다. 한편 '노크오프 기능'을 이용하는 것도 있다. 노크오프 기능이라는 것은 신축장치가 작아 거더가 교대에 충돌하는 경우에, 교대의 일부(노면 부분)가 뒤의 배면 지반 쪽으로 미끄러짐으로써 거더와 교대에 심한 손상이 생기지 않도록 하는 것이다. 이는 큰 신축장치를 적용하는 것보다 유리한 경우가 많다.

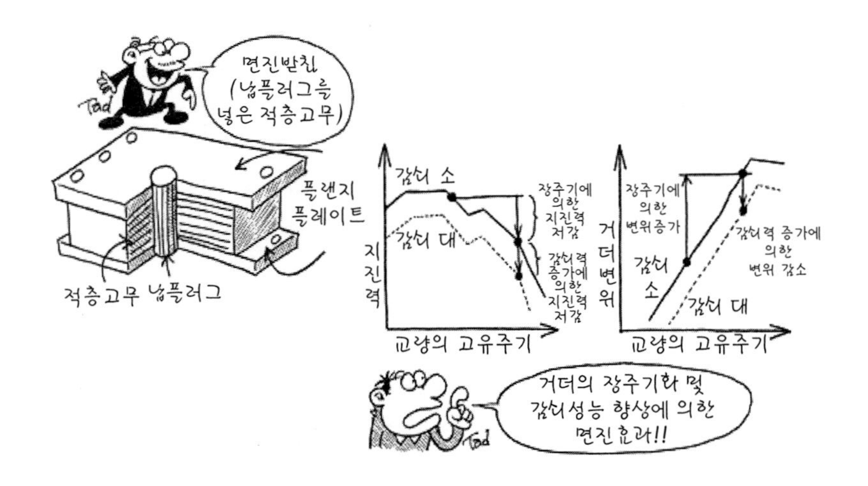

면진기술을 적용한 교량의 예를 알려주세요

오래전부터 있어 왔던 면진 개념이 최근 급속하게 실용화되고 있는 배경의 하나는 바로 '적층고무'의 출현이다. 고무와 철판을 서로 중첩시킨 적층고무는 1950년대 후반부터 영국에서 교량받침과 건물기초에 진동을 방지하는 재료로서 사용되어 왔다. 1970년대가 되어 프랑스에서는 이 적층고무를 면진장치로 사용하기 시작하였다. 이후 뉴질랜드와 미국에서 적극적으로 연구개발을 진행하여 1970년대 후반부터 실제 건물 및 교량에 적용되기 시작하였다. 일본에서도 1980년경부터 연구가 본격화하여 1983년에는 적층고무를 이용한 면진가옥이 건설되었다. 1985년경부터는 적재하중 200tf 이상의 대형적층고무가 폭넓게 공급되기 시작하면서 본격적인 면진빌딩이 건설되게 되었다. 한편 면진교량은 뉴질랜드를 시작으로 미국, 일본, 영국 등에서 건설되고 있다.

- 뉴질랜드에서는 1973년 'Motu bridge'에 처음으로 적용하였다. 보통 '면진교량'은 거더와 교대(또는 교각) 사이에 면진장치를 설치하지만, 1974년에 완성한 'South Rangitikei bridge'는 교각의 기초부분에 설치하였다. 교장 315m(45.5m+4×56m+45.5m)의 6경간 연속 PC 박스 거더교의 단순철도교이며, 교각 높이 69m나 되는 매우 슬렌더 한 문형 라멘구조로 되어 있다. 큰 지진력을 받은 경우에는 2본의 기둥으로 된 라멘 기초부에 설치한 면진장치로 에너지 흡수를 꾀하고 있다. 이 나라에서는 'LRB 받침(111페이지 참조)'이 대부분을 차지하고 있다.
- 미국에서 최초로 면진설계를 적용한 교량은 1985년 'Sierra Point

bridge, 샌프란시스코 근교'로서 1956년에 준공한 교장 200m, 폭 40m의 고속도로 교량을 내진 보강한 것이다. 기존 받침을 LRB 받침으로 교체하여 면진화한 것이다.

- 이탈리아에서는 건물에 적용한 예는 적고, 교량에 주로 많이 사용되었다. 1974년에 적용되기 시작하여 약 200여 개(2000년 초) 교량에 달한다. 1992년 완성된 'Mortaiolo bridge, Livorno~Cecina 간 고속도로'는 대부분의 경간이 45m로서 교장 9.6km의 PC교인데, 전체 교각에 면진장치가 적용되었다.
- 일본에서는 2000년대 초에 이미 100여 개 교량에 적용되었으며, 1995년 고베대지진 이후 급격히 증가하였다. 최초의 면진교량은 1991년 3월에 완성한 시즈오카현의 '미야가와교'이며, LRB 받침을 이용한 교장 110m의 3경간 연속 강박스 거더교이다. PC교로는 후쿠시마현의 '카라사키교'가 최초이며, 교장 77m, 폭 11.2m의 2경간 연속 거더교이다. 1991년 7월에 완성하였다. 이 교량에는 'HDR 받침'과 '노크오프 장치'도 함께 적용하였다(111페이지 참조).

도로교와 철도교는 무엇이 다른가?

철도차량을 통과시키기 위한 교량은 철도교 또는 철교라고 부르며, 자동차를 통과시키기 위한 교량은 도로교라고 부른다. 따라서 양자의 차이를 용도 이외에 관리체계 및 교량의 구조설계 측면에서 살펴보면 다음과 같이 정리할 수 있다.

일본 도로교는 그 도로의 관리자(국가는 국도, 지자체는 지방도, 도로공사는 고속도로 등)가 관리 주체(발주자)로서 건설하게 되는데, 이들 교량에 대해서는 '건설성'이 관할하게 된다. 이에 비해 철도교는 대부분 민간의 각 철도회사(일본철도는 현재 모두 민영화된 상태)가 관리 주체이며, 이들 교량에 대해서는 '운수성'이 관할하게 된다(현재는 건설성, 운수성이 모두 국토교통성으로 통합되었다). 이러한 이유로 인해 도로교와 철도교는 각각 건설성과 운수성에 의해 별도의 '설계기준'이 정해져 있었다. 그렇기 때문에 교량 설계 시에는 그 교량의 용도에 따라서 지켜야 할 기준이 서로 다른 경우도 있었다. 이 외에도 교량의 관리자들은 설계에 대한 '세부규정' 및 '특기사항'을 독자적으로 정하여 정기적 또는 부정기적으로 그 기준을 개정하고 있기 때문에, 설계 시에는 이들에 대해서도 충분히 주의하여야 한다. 한편 '세토대교'와 같이 '도로·철도 병용교량'인 경우에는 도로교 및 철도교 양자의 기준을 만족하도록 설계하지 않으면 안 된다.

도로교와 철도교의 차이를 교량의 구조설계 측면에서 살펴보면, '활하중'의 차이가 가장 크다고 할 수 있다. 열차의 하중은 자동차의 하중보다 크기 때문에 철도교에서는 '고정하중'에 대한 활하중의 비율이 도로교에 비해 크다. 이로 인해 철도교는 도로교보다 큰 하중과 큰 '변동하중'을 취급하여야 한다.

궤도상을 주행하는 철도차량의 주행성(승차감 및 안전성)은 교량의 처짐에 의해 발생하는 궤도의 수평·연직 방향의 휨에 의해 큰 영향을 받지만, 주행속도에 따른 교량 거더의 처짐 한계를 설정하고 있다. 특히 장대 현수교에서는 활하중과 바람에 의해 크게 휘어지기 때문에 철도교는 도로교보다도 보강 거더의 강성을 크게 하여 처짐이 발생하기 어렵도록 할 필요가 있다. 그렇기 때문에 철도교는 도로교에 비하여 전체적으로 골조가 더 두껍게 시공되어 있다. 그렇다고 하더라도 장대 현수교의 거더 단부와 주탑 부근에서는 휘어지는 각도가 커지기 때문에 이를 분산(완화)시킬 목적으로 꺾어지는 거더 위에 또 다시 거더를 올려놓는 방식이 세토대교 등에서 적용되었다(125페이지 참조).

강제로 만들어진 철도교에서는 큰 변동하중의 영향을 고려할 필요가 있다. 이는 금속피로(120페이지 참조)와 관련된 문제로서 용접 접합부에 대하여 상세한 규정이 만들어져 있다. 또한 최근에는 대형 특수 자동차의 주행량도 늘어나고 있기 때문에, 도로교에 있어서도 많지는 않지만 피로 문제가 발생하는 경우가 있어 이에 대한 대책이 강구되고 있는 실정이다.

바람에 의해 부서진 교량이 있다는데, 정말인가?

타코마 교량은 1940년 11월 7일, 이른 아침부터 불고 있던 바람에 의해 거더가 진동하기 시작하여 오전 11시 10분경 진동에 견디지 못한 거더가 산산조각으로 분해되면서 낙교하는 사고가 발생하였다. 교량 거더가 흔들리기 시작하면서 낙교하기까지의 모습이 필름으로 기록되어 있어 전 세계적으로 현수교의 설계자, 기술자 및 연구자의 자료로서 활용되고 있다. 이 사고로 인해 바람에 의한 교량의 진동을 철저하게 조사되게 되었으며, 현재는 초대형급의 강풍에서도 내풍 안정성이 확보될 수 있는 기술이 개발되어 있다.

그러면 낙교가 발생한 이유는 무엇일까. 일반적으로 교량과 건축물에 작용하는 풍력은 풍속이 높을수록 커지게 된다. 그러나 교량과 건축물이 가지고 있는 고유의 진동특성이 바람 작용에 서로 동조하는 경우에는 낮은 풍속에서도 심한 진동이 발생하게 되어, 결국 타코마 교량 붕괴와 같은 사고가 발생할 수도 있다.

바람에 의해 발생하는 구조물의 진동은 그 발생 메커니즘에 의해 다음과 같이 분류된다. 첫 번째로는 자연풍의 풍속변화에 기인하는 교란에 의해 '강제진동, 버페팅'이 발생하는데, 풍속이 커지면 진동폭도 커지는 특성이 있다. 타코마 교량 사고 이전에는 이 바람의 작용을 고려하였으며, 장래 예측되는 최대 풍속에 대하여 부재 설계가 수행되어 왔다. 그러나 1879년의 강풍에 의해 낙교한 스코틀랜드의 'Tay bridge'는 횡방향의 풍압에 대해서도 고려하지 않았었다.

두 번째는 '와류진동'으로서, 구조물 후면에 발생하는 주기적인 소용돌이의 작용에 의해 구조물이 바람에 대해 직각 방향으로 진동하는 현상이다. 구조물 주변 흐름을 가시화해보면 이 소용돌이가 발생하는 양상을 직접 눈으로 확인할 수 있게 된다.

교량을 설계할 때에는 공진 풍속이 설계 풍속보다 높게 되도록 그 치수와 진동특성을 조정한다. 조정되지 않는 경우에는 와류진동이 발생하지 않는 거더 형상 및 공기역학적인 제풍장치를 설치하게 된다. 예를 들면 영국의 'Humber bridge, 1410m'와 'Severn bridge, 988m'의 거더는 제트기 날개와 같은 유선형으로 시공되어 있다. 그 외에 교량 거더 주변의 기류를 안정시키기 위해 페어링과 플랩이라고 불리는 제풍장치가 설치되어 있다.

세 번째로는 교량이 바람작용으로 진동이 발생하는 경우에 그 진동을 '억제하는 풍력' 및 '발산시키는 풍력'이 있다. 후자에 의한 작용은 비교적 높은 풍속에서 발생하는데, 감쇠가 작은 교량에서는 와류진동으로 연결되어 진동이 심해지는 경우가 있다. 깃발이 바람에 펄럭이는 현상과 동일하기 때문에 '플러터 현상'이라고도 불리고 있다. 와류진동처럼 교량의 형상에 크게 의존하기 때문에 교량의 거더 단면을 적절히 설계하여 대처하고 있다.

타코마 교량의 설계 풍속은 53m/sec이지만, 풍속 19m/sec 정도의 바람에서 상하 진동이 발생하였고 점차 뒤틀림 진동으로 변하다가 결국 낙교하게 되었다. 이는 와류진동으로부터 시작하여 플러터 진동으로 이동하여 결국에는 발산 진동으로 진행된 것으로 여겨진다. 교량 구조물뿐만 아니라 타 구조물의 내풍 설계에서도 공기역학적인 작용에 의한 이러한 진동을 결코 발생시켜서는 안 된다. 이를 위해서 축척모형을 이용한 풍동실험을 실시하여 교량 거더에 작용하는 정지 시 또는 진동 시의 공기역학 특성을 충분히 조사하고 있다.

한편 세계 최대의 현수교로서 1998년 4월에 완성한 '아카시대교'는 재현주기 150년을 설정한 설계풍속 80m/sec에 대한 내풍 안전성을 확보할 수 있도록 여러 가지 측면에서 검토가 수행되었다.

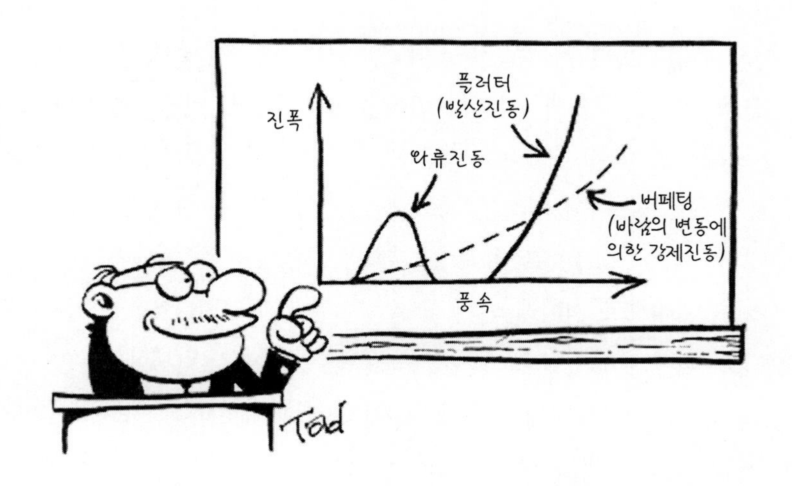

자동차, 열차 등에 의한 반복하중에 대처하는 설계법은?

한때 숟가락 구부리기가 유행한 적이 있었다. 숟가락의 목 부분을 손가락으로 문지르기만 하면 휘어지기 때문에 믿기지 않기도 했지만, 사실 숟가락에 미리 적절한 조치를 취해두면 이런 일이 충분히 가능해진다. 펜치를 사용하지 않고 쇠못을 자르기 위해 양손으로 몇 번이나 구부렸다 펴기를 반복하여 결국에는 간단하게 잘려지는 것을 많은 사람이 경험하였을 것이다. 이 현상을 이용하여 숟가락의 목 부분에 미리 반복적으로 휘어지게 하여 절단되기 직전 상태에서 원래 형태가 되도록 되돌려 놓는다. 이렇게 준비해두면 간단한 손가락만의 힘으로도 숟가락을 휘게 하여 끊어버릴 수 있게 되는 것이다. 이렇듯이 금속은 큰 '반복하중'을 받게 되면 저항능력이 사라지는 특성을 갖고 있다. 이것을 금속의 피로, 즉 '금속피로'라고 한다. 교량 구조물에 있어서도 이러한 금속피로의 문제가 뚜렷하게 나타나는데 이는 '용접 이음'이 사용되고 있기 때문이다. 용접을 하게 되면 용접 내부에는 작은 상처가 발생하게 된다. 이 손상부분에 점차적으로 응력이 커지게 되고(즉, 응력집중이 발생하여) 반복하중까지 더해지면 손상부분은 확대되게 된다. 처음에는 눈으로 보이지 않는 손상이 점차적으로 커지게 되어 균열로 발달하게 되면, 이 균열이 순식간에 진전되어 강제 구조물 자체를 파괴시키는 경우가 발생하기도 한다.

피로강도는 발생응력의 절대치의 영향은 비교적 적고, 발생응력의 전체 진폭(이를 응력범위라고 한다)에 크게 좌우된다. 즉, 높은 응력에 놓여 있더라도 응력변동이 작으면 피로가 발생하기 어렵고, 적은 응력에서도 큰 응력변동이라면 피로에 대하여 큰 영향을 받게 된다. 과거에 많은 수의 피로시험이 실시되었으며, 이를 토대로 응력범위(S)와 반복횟수(N)와의 관계, 'S-N 관계'가 구해져 있다. 이를 통해서 일정응력 범위의 경우에 있어서는 S-N 관계가 양대수지 상에서 직선관계에 있다는 것을 알게 되었다. 또한 응력범위가 어느 값 이하가 되면 피로현상이 발생하기 어려운 것도 알게 되었다. 이 한계를 '내구한도' 또는 '피로한도'라고 한다. 이러한 결과는 현재 설계기준에 반영되어 있는데, '철도교' 등의 설계에 있어서 반복횟수는 200만 회를 기본으로 하고 있다.

교량에는 구조물 자체 하중인 '고정하중'과 차량 주행에 의한 '활하중'

이 더해지게 된다. 이 양자의 차이가 구조부재에 작용하는 응력범위에 관여하기 때문에, 활하중이 큰 '철도교'에서는 피로에 관한 검토가 수행되고 있다. '도로교'에 있어서는 고정하중에 대한 활하중의 비율이 일반적으로 작고 대형 특수차 등의 중차량이 주행하는 빈도가 그다지 높지 않기 때문에 '강상판' 또는 '도로·철도 병용교량'을 제외하면, 현재는 피로에 의한 영향을 고려하고 있지는 않다. 다만, 최근에 차량이 대형화되고 있고 교통량도 증가하고 있어 일부 도로교의 세부 구조재에서 피로손상이 발생한 사례가 있다. 그렇기 때문에 도로교에서도 피로설계에 대한 규정이 향후 포함될 가능성도 있다.

실제 교량에서는 복잡한 응력변동이 관찰되기 때문에 S와 N에 대하여 통계적인 취급을 하는 경우가 있다. 이 중에서 유명한 방법 가운데 하나가 'rain–flow counting 기법'이다. 응력변동 파형(응력을 횡축에, 시간을 종축에 취함)을 그린 후에, 응력의 각 극치점 위치에서 비를 내리게 하였을 때의 빗방울의 간격을 읽는 방법이다. 이러한 방법으로 어느 응력범위의 발생횟수가 구해지게 되며, 이들을 누적시키면 피로수명을 예측할 수 있게 된다. 한편 횟수를 누적시키는 방법의 하나로 'Miner 법칙'이 있다.

자동차로 교량을 건널 때에 덜커덩 소리가 나는 이유는?

교량이나 고속도로를 자동차로 달리다 보면 가끔씩 덜커덩 덜커덩 소리가 들린다. 이는 교량의 시·종점부 또는 교량과 교량 사이에 있는 톱니모양을 서로 맞추어 놓은 것과 같은 강제 이음부가 있기 때문이다. 이 부분을 교량의 '신축이음(expansion joint)'이라고 부르며, 거더가 늘어나거나 줄어들거나 하는 경우에 신축량을 흡수한다. 교량의 주된 재료인 강재와 콘크리트는 온도 변화에 따라 늘어나거나 줄어들거나 한다. 온도에 의해 늘어나고 줄어드는 성질은 팽창계수의 크기에 비례하며, 특히 길이방향의 신축에 대해서는 '선팽창계수'가 사용된다. 선팽창계수는 온도 1°C당의 신축량과 원래 길이와의 비(1°C당 늘어난 비율)로 표현한다.

온도변화에 의한 교량의 신축량은 그 교량의 설치 위치에 따라 크게 다르다. '도로교'의 경우는 일반적으로 −10°C~50°C까지의 온도변화를 고려한다. 이 경우에는 60°C의 온도변화가 있는 것으로 가정한 것인데, 교량 지간이 100m인 경우의 신축량은 '강교'에서는 10,000cm × 12 × 10^{-6} × 60°C = 7.2cm가 되며, '콘크리트교'에서는 10,000cm × 10 × 10^{-6} × 60°C = 6.0cm가 되어, 각각 7.2cm, 6.0cm의 신축이 가능한 받침 및 신축장치가 필요하게 된다. 만약 이렇게 늘어나는 현상을 허용하지 않는 경우에는 거더에 압축력이 작용하게 되어 휘어져버리거나, 횡방향으로 불룩 튀어나오는 현상이 발생하기도 한다(그림 1). 이러한 신축에 의해 거더가 파괴되지 않도록 하기 위해서 통상적으로 수평방향의 움직임이 자유로운 가동받침을 설치하게 된다.

그러나 최근에는 거의 시공되지 않는 '목재 교량' 및 '석재 교량'에서는 이러한 신축장치가 없다. 그 이유는 목재 교량의 경우에는 나무자체에 홈을 파서 연결하기도 하고 목재를 못, 꺾쇠 등을 이용하여 서로 연결하고 있는 점, 석교에서는 각각의 석재 덩어리를 서로 조립하여 설치하는 점 등으로 인해 구조물 전체로서는 많은 공극이 이미 존재하기 때문에 신축량을 자연스럽게 흡수하고 있다.

신축장치도 교량 길이에 따라 그 구조가 다양한데, 신축량이 2cm 이하인 경우에는 맞대기식(그림 2)이지만, 그 이상이면 지지식이 되어 조인트부의 간극 위를 자동차가 통과하게 된다. 이러한 경우에 조인트부는 포장부와 서로 이질(강재 또는 고무계통)의 것이 되어(그림 3), 자동차의 주행으로 인해 충격력이 작용하게 되어 요철이 발생하기 쉬워지기도 한다. 따라서 이런 곳을 주행하게 되면 덜커덩덜커덩 하는 소음이 발생하게 되고 또 충격을 느끼게 되는 것이다. '연속교'의 경우에는 각 지간별로 조인트가 없기 때문에 덜커덩거리는 소음과 충격이 적다. 그러나 이 신축장치는 지금까지 설명한 바와 같이 교량의 신축을 흡수하는 것이기 때문에 포장으로 덮어 씌워서는 안 된다.

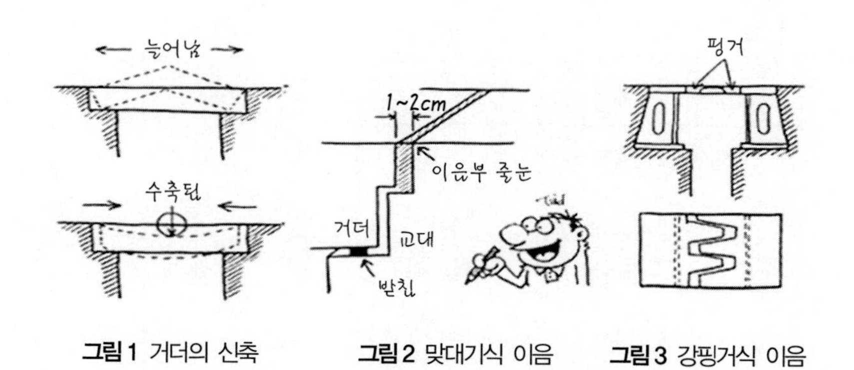

그림 1 거더의 신축 **그림 2** 맞대기식 이음 **그림 3** 강핑거식 이음

일반적인 신축장치

분류	형식	구조 및 특징	일반적 적용범위	그림 번호
맞대기식	맞대기형	• 교대와 거더 사이에 고무계통의 이음재를 삽입	1~2cm	2
지지식	핑거형(강제)	• 톱니식 강제를 조립한 구조 • 본체는 내구성이 있음 • 차륜통행 시 소음, 진동 큼 • 가장 많이 사용 • 비교적 단경간에 사용	6~12cm	3
	고무형	• 고무재와 강재를 혼합하여 차륜하중을 지지 • 강제에 비해 주행성이 좋고 소음 적음 • 거의 모든 종류의 중소형 교량	6~32cm	–
	특수형	• 롤링(슬라이딩)형, 링크형(강제) • 레일형(고무제)		

고체의 선팽창계수(상온)

재료		선팽창계수
철		11.8×10^{-6}
금		14.2×10^{-6}
아연		30.2×10^{-6}
대리석		$(3\sim15) \times 10^{-6}$
목재	섬유에 평행	$(3\sim6) \times 10^{-6}$
	섬유에 직각	$(35\sim60) \times 10^{-6}$

설계에 사용하는 선팽창계수

교량 종류	선팽창계수
강교	12×10^{-6}
콘크리트교	10×10^{-6}
합성거더교	12×10^{-6}

장대교량의 신축이음장치 메커니즘을 알려주세요

연장 4km에 달하는 '장대교량'의 강재 보강 거더는 연간 온도변화를 60°C로 가정하는 경우에 약 288cm의 신축이 발생하게 된다. 교량 양단에 있는 교대는 움직이지 않기 때문에 평균적인 온도로 교량 거더를 설계하였다고 하더라도 교량 전체의 반 정도인 144cm의 간격이 생겨버리게 된다.

교량 거더의 신축은 이러한 온도변화에 의한 것 이외에도 재료가 콘크리트라면 크리프에 의한 변형 및 건조에 의한 수축변형이 있다. 또한 지진과 바람에 의한 거더의 횡방향 변형, 활하중에 따른 수직처짐에 의해 발생하는 거더 단부의 회전 및 처짐 차이 등이 발생할 수 있다. 그리고 시공오차 등을 고려한 여유분도 고려하지 않으면 안 된다.

이들 중에서 교량 거더의 처짐에 의한 거더 단부의 변화는 교량 연장이 짧고 활하중이 작으면 그리 크지 않으나, '세토대교'와 같이 도로·철도 병용교량의 현수교에서는 열차·자동차·온도에 의해 중앙부의 최대 처짐은 4~5m에 이른다. 이때 현수교 보강 거더의 단부는 1m를 초과하는 신축변화량과 큰 회전각이 열차통과 시에 발생하게 된다.

이러한 불연속적인 부분을 부드럽게 처리하기 위해서 장대 현수교용으로 개발된 '신축장치'가 있다. 현재는 주로 'Rolling Leaf형 조인트'와 'Link형 조인트'의 2종류가 사용되고 있다.

Rolling Leaf형 조인트는 도쿄에 있는 레인보우브리지에서도 적용되었는데, 미끄럼식 지지대 위를 경첩식 이음매를 연결한 구조의 미끄럼판이 거더의 신축을 처리하고 있다. 또한 Link형 조인트는 '세토대교'와

'아카시대교' 등에서 사용되었는데, 2등변 삼각형의 기하학적인 특성을 이용하여 중간 지지점을 만들어 큰 신축량을 처리하는 메커니즘이다.

Link형 조인트의 구조는 그림에서와 같이 교대와 거더, 또는 거더와 거더의 간격이 ac이며 그 길이는 변화한다. a–a'와 c–c'가 핑거형과 같이 양손 손가락을 서로 교차하여 조합했을 때의 모양을 닮은 톱니모양의 강제 플레이트 혹은 중첩시킨 형태의 플레이트(노면판)로서, a점과 c점 그리고 그 중간점인 b점에서 지지된다. af와 cf의 가운데 점을 각각 d, e로 하면, 삼각형 adb와 삼각형 ceb 그리고 삼각형 dbe와 삼각형 def는 모두 동일한 크기의 삼각형이 된다. 이로 인해 각 abd+각 dbe+각 cbe=180°가 되어, 노면 a–b–c는 간격 ac가 변화하더라도 항상 일직선을 확보하는 것을 알 수 있다. 이 원리를 순차적으로 확대하게 되면 상당한 크기의 신축량을 처리할 수 있는 장치가 되는 것을 짐작할 수 있을 것이다.

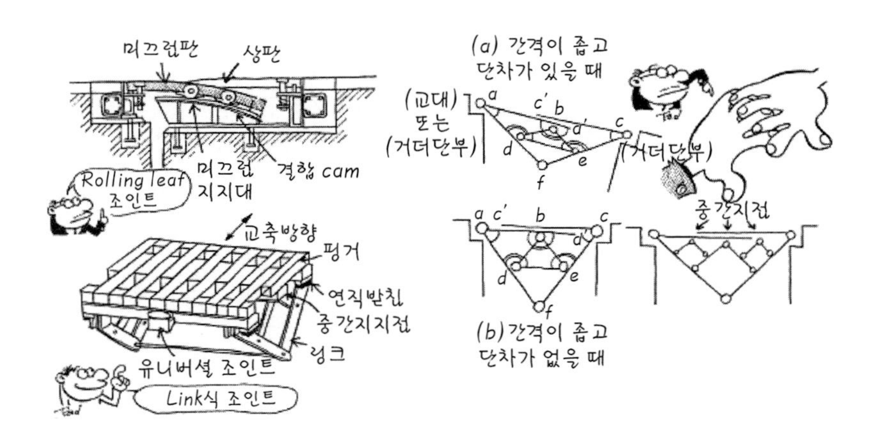

교량 거더의 중앙부분을 조금 높게 하는 이유는 무엇인가?

일반적으로 교량 거더의 중앙부가 지점부에 비해 조금 높게 만들어져 있는데, 이는 교량의 하부 공간을 크게 취하기 위해서이다. 그뿐 아니라 교량 경간장이 긴 경우에 거더를 수평으로 만들게 되면 거더 중앙부가 수직아래 방향으로 내려가 있는 듯이 보이기 때문에, 거더 하부공간을 압박하여 불안정한 느낌을 주기도 한다. 이렇게 교량 거더의 휜 모양을 '캠버, camber'라고 한다.

교량 중앙부의 높이에 대해서는 이 외에도 조금 복잡한 문제들을 내포하고 있다. 교량 설계도는 그 교량의 준공 시의 상태를 나타내는 것이기 때문에, 공장 제작 시에는 가설 후의 고정하중(교량 자중)에 의한 처짐량을 미리 계산하여, 그 처짐량에 대응할 수 있도록 사전에 들어 올려져 있는 제작도면을 별도로 만들어둘 필요가 있다. 제작 시의 이 휜 모양을 '제작 캠퍼'라고 한다. 따라서 제작 캠버는 가설 후에 필요한 캠버를 얻을 수 있도록 고정하중에 의한 처짐량만큼을 추가하여 설정하게 된다.

도로교에서의 활하중 크기는 고정하중에 비하여 작기 때문에 고정하중만 고려하면 된다. 이에 비해 지간 30m 이상 철도교에서는 거더 고정하중에 의한 처짐에 대해 캠버를 설치하는 것이 원칙이다. 이때 고려하는 열차하중은 기존 철도 및 신칸센 철도에 대하여 각각 정해져 있다.

철도궤도의 레일 면에 캠버를 부여하여 처짐을 상쇄시키는 경우도 있다. 이때 교량 거더에도 캠버가 고려되어 있다면 실질적으로는 캠버를 두 번 중복하는 것이 되기 때문에 주의가 필요하다.

세토대교는 교량 상부가 도로이며 동시에 거더 내부에는 철도가 통과하고 있는 도로·철도 병용교량으로서 장대 현수교에 해당한다. 장대 현수교는 연직방향의 처짐이 큰 특성이 있는데, 여기에 무거운 열차하중이 고속으로 작용하는 경우에는 국부적으로 앵커리지 부근과 주탑 부근에서 발생하는 거더의 꺾임각 및 거더 중앙부에서의 연직처짐량 등이 열차 주행성에 영향을 주게 된다. 거더의 꺾임각에 대해서는 거더를 분할하여 그 꺾이는 정도를 분산시키거나, 좌우 보강 거더의 불연속적인 부분에 대해서는 짧은 거더를 설치함으로써 그 꺾이는 각도를 반감시키는 등의 아이디어가 적용되고 있다. 이렇게 설치된 거더는 횡풍 및 지진에 의한 수평방향의 거더 꺾임에도 동일한 효과가 있는데, 꺾임각을 감소시켜 열차에 작용하는 충격력을 완화시키는 이유로 인해 완충 거더라고도 불리고 있다. 장대 현수교 거더 중앙부의 연직 처짐량은 열차 하중에 의해 수 m에 이르기도 하지만, 이 값을 기본으로 하여 열차가 언제나 수평에 가까운 궤도상을 주행할 수 있도록 보강 거더의 형상이 설정되고 있다.

칼럼 7

★국경에 놓인 교량

1996년 10월, 헝가리와 국경을 접하고 있는 오스트리아의 어느 작은 마을에서 새로 준공된 교량의 개통식에 양국 대표가 참가하고 있었다. 작은 강 위에 별로 특이한 구조나 형식도 아닌 초라한 목재로 된 이 교량은 평소에는 다리를 건너는 사람도 거의 없는 그런 교량이다. 그러나 이 교량은 양국 국민을 연결하는 우정의 상징이 되었다.

이야기는 1956년 11월 4일의 이른 아침으로 거슬러 올라간다.

헝가리의 부다페스트 방송을 통해 호소하는 Imre Nagy 수상의 다급한 목소리가 흘러나왔다. '금일, 날이 채 밝기도 전에 소련군이 우리 수도에 포격을 개시하였습니다. 이는 분명 헝가리 민주공화국의 합법적인 정부를 타도하려는 의도인 것입니다. 국민과 전 세계에 이 사실을 알립니다.' 그의 목소리는 비통함 그 자체였다. 대학생들이 소련군의 퇴각 및 정치범 석방을 요구하는 데모가 바로 전달 23일에 발발하였던 것이다. 이를 계기로 자유화 운동이 전국적으로 확대되었으나, 단 13일 만에 제압되어 결국 Nagy 수상은 후에 처형되었다.

약 164,000명에 달하는 헝가리 국민이 오스트리아로 도망갔다. 그중에서 약 7만명은 그곳에서 정착하게 되었으며 나머지는 다른 서방제국으로 전전하게 된다. 이때 입고 있던 옷 이외에는 아무것도 가진 것이 없는 수많은 사람들이 오스트리아령의 작은 마을에 놓인 이 목재 교량을 건넜던 것이다.

그 후 국경은 오랫동안 폐쇄되었으며 교량도 노후화되었다. 헝가리 동란이 발생한 이후 40년의 시간이 흘러, 당시 고난받던 사람들을 받아준 이웃에 감사하는 마음과 동시에 양국의 선린관계 유지를 꿈꾸며 이 교량을 재건하게 되었던 것이다. 이 교량에는 미래를 꿈꾸는 마음과 더불어 지나간 역사적 의미까지 내포하고 있는 것이다.

시공·유지관리·보수 4

4 시공 · 유지관리 · 보수

깊은 골짜기에 놓인 교량은 어떤 공법으로 설치된 것일까? 바다 속에 놓여 있는 교량 기초는 어떻게 설치할까? 현수교 케이블은 어떻게 설치하나? 이러한 교량의 다양한 시공법 및 교량의 재사용 등을 포함하여 교량의 유지관리 · 보수 등에 대해서 설명한다.

교량의 기본적인 가설방법을 알려주세요

겉으로 보기에 동일하게 보이는 교량일지라도 교량 가설공법은 강재와 콘크리트와 같이 그 사용 재료, 교량의 종류, 규모 및 가설지점의 지리적 조건 등에 따라 크게 달라진다.

강교의 경우에는 교량을 구성하는 부재의 무게가 콘크리트 교량인 경우에 비해 작고 가볍기 때문에, 공장에서 제작한 부재를 가설현장으로 운반하는 방법이 주로 이용되고 있다.

한편 콘크리트교의 경우에는 단면이 커지면서 무거워지기 때문에, 작은 규모의 프리캐스트 콘크리트 교량을 제외하고는 현장에서 직접 시공하게 된다. 이런 점에서 강교와 콘크리트교는 가설방법이 크게 다르지만, 정해진 품질의 교량을 정해진 기간 내에 안전하고 정확하게 완료하기 위한 검토항목은 대체적으로 유사하다고 볼 수 있다.

강교 가설 시의 검토항목

강교의 경우, 교량 가설은 공장에서 만들어진 교량 부재를 현장에서 조립하여 완성시키는데 주로 제작사 또는 전문 가설업체에 의해 시행된다. 실제 현장에서 가설하기 전에 가설현장의 환경조사, 가설방법, 가설을 위한 각종 계산, 필요한 기술자 및 자격, 공사 기간 등을 검토하여 가설공사에 관한 계획서를 작성한다. 가설 중인 교량은 완성 시 교량과는 서로 다른 지지상태, 예상하지 못한 하중(시공하중) 등이 작용하는 경우도 있다. 이로 인해 파손 및 붕괴사고가 발생하지 않도록 세밀한 공사계획 및 가설 시의 응력계산, 공사 중 안전성 검토 등이 필요하다.

현장에서는 거의 대부분의 경우에 일반도로를 이용하여 트레일러와 트럭에 의해 자재를 운반한다. 따라서 운반 가능한 크기 및 무게에는 제한이 있지만, 가능한 한 큰 블록으로 현장에 운반하는 것이 경제적이다. 일반적으로 부재 길이는 13m 정도, 무게는 15톤 정도를 기준으로 한다. 가설현장이 해변이고 또 조립하는 공장도 해안에 있으면, 교량 전체를 한꺼번에 조립하거나 큰 블록으로 제작하여 그대로 배로 운반하는 경우도 있다. 이 방법은 현장작업이 거의 없기 때문에 공사 기간도 줄일 수 있을 뿐만 아니라 여러 측면에서 매우 유리한 방법 중 하나이다.

공법의 결정

가설공법은 일반적으로는 단순 공법일수록 안전하고 경제적이다. 그러나 현장여건에 따라 가설공법이 복잡해지는 경우도 있는데, 기본적으로는 ① 크레인 차량의 진입이 가능한가, ② 벤트(가지주)가 설치될 수 있는가, ③ 거더 하부의 공간을 이용할 수 있는가, ④ 부재를 조립하는 장소의 유무, ⑤ 부재반입을 위한 케이블 설비의 설치장소 유무 등의 조건을 고려하여 가설공법을 선정한다(다음 편 참조).

강교의 가설방법을 알려주세요

벤트공법(staging erection)

벤트(bent)는 교각 또는 교량 거더를 지지하는 가설 지주를 의미하며, 비계를 뜻하는 스테이징(staging)으로 표현하기도 한다. 이 공법은 교량 거더를 벤트로 지지하여 조립하는 방법으로서, 높이 20m까지는 가장 간단하고 경제적이다. 거더를 들어 올리기 위해서는 주로 트럭 크레인이 이용된다.

인출공법(draw erection)

가설지점 인근에서 교량 거더를 조립하여 인출 또는 압출하여 가설하는 공법이다. 가설지점에 철도 및 도로, 하천 등이 있어서 벤트를 설치할 수 없는 경우나 거더 상부에 전선 등이 있어 크레인을 사용할 수 없는 경우에 이용된다. 사용하는 설비에 따라 ① 내보내는 앞부분을 경량인 트러스 구조로 인출하는 방법(인출 공법), ② 내보내는 앞부분이 물 위인 경우에는 거더 선단을 바지선 위에 올려진 벤트 위로 올려 인출하는 방법(바지선 공법), ③ 거더 아래가 지면인 경우에는 이동대차와 벤트에 의해 인출하는 방법(이동식 벤트 공법) 등이 있다. 한편 이 공법은 지점 위치가 가설 시와 완성 시가 서로 다르기 때문에 가설 시의 응력계산 검토도 중요하다. 이 공법은 얼핏 간단해 보이지만 설비에 많은 노력이 소요된다.

켄틸레버공법(cantilever erection)

벤트공법 및 인출공법을 적용할 수 없는 경우에 사용되며 ① 이미 가설이 완료된 거더를 앵커로 하여 켄틸레버식으로 밀어내어 가설하는 공법, ② 교각을 지지점으로 하여 양쪽에 균형을 취해가면서 양방향으로 내어 붙이면서 가설하는 공법(FCM, Free Cantilever Method) 등이 있다. 이 공법은 비교적 가설용 기계설비가 크지 않아도 되는 장점이 있으나, 가설 진행 중인 거더나 트러스의 가설 시 하중 등에 대한 안전성을 확인할 필요가 있다.

케이블식 공법(cable erection)

깊은 계곡 위의 아치교나 유속이 빠르고 수심이 깊은 하천 및 호수 등에 적용되는 공법이다. 교대 위 또는 그 후방에 철탑을 세워 메인케이블을 설치한 후 부재를 매달아서 조립하는 공법이다. 이 공법에는 수직으로 매다는 방법과 경사지게 매다는 방법이 있다. 철탑 사이에 케이블을 설치하기 위해서는 상당히 큰 설비가 요구된다.

대블록공법(large block erection)

이 공법은 가설지점 인근의 제작장에서 교량을 여러 개의 블록(대블록), 또는 거더 전체를 조립·운반하여 일괄적으로 가설하는 방법이다. 이 공법은 일반적으로 물 위에 교량을 가설할 때 적용된다. 4,000tf까지도 들어 올리는 플로팅 크레인, 대형 바지선의 등장으로 인해 가능해진

공법이다. 교량 거더는 공장 또는 제작장에서 조립하기 때문에 가설현장에서의 작업량이 적고 공사 기간을 단축할 수 있어 안전성 및 경제성이 뛰어나다.

콘크리트교의 가설방법을 알려주세요 (Part-1)

콘크리트 교량의 가설은 크게 현장타설공법과 프리케스트공법의 2종류로 구분된다. 현장타설공법은 지보공으로 지지된 거푸집 속에 철근을 조립하여 콘크리트를 타설하면서 교량 본체를 설치해가는 방법이며, 프리케스트공법은 가설현장 부근에 제작장 또는 제조설비를 갖춘 콘크리트 공장에서 교량 거더의 일부분 또는 전체를 제작하여, 이를 가설지점까지 트레일러로 운반한 후에 트럭 크레인 등을 이용하여 소정의 위치에 가설하는 방법이다.

가설방법은 교량 형태를 결정할 때, 또는 기본설계 단계에서 검토된다. RC교의 가설방법은 PC교의 경우와 거의 동일하다.

고정 지보공식 가설공법(현장타설공법)

교량을 설치하는 장소 전체에 지보공을 조립한 후 지보공으로 지지된 거푸집 속에 철근 및 PC 강재를 조립하고 콘크리트를 타설하여 거더를 설치하는 방법이다. 콘크리트가 양생된 후 거푸집과 지보공을 해체하여 완성시킨다. 콘크리트 교량의 가설방법으로는 가장 일반적인 공법이다. 사용하는 지보공 부재는 반복 사용이 가능하며 높이·길이·하중에 용이하게 대응할 수 있다. 부재의 운반과 조립, 해체가 용이한 반면에 가설과 관련된 설계 및 시공상의 작은 실수로도 사고가 발생되기 때문에 세심한 주의가 요구되는 공법이다.

압출가설공법(ILM, Incremental Launching Method)

교대 또는 시공한 교각의 후방에 거더 제작장을 설치하여, 그곳에서 1블럭(길이 8~20m)씩의 거더를 연속적으로 제작하여, 이를 순차적으로 밀어가면서 가설하는 공법이다. 이 공법은 거푸집의 반복사용, 동일작업의 반복 등 조립식 공법으로서의 장점이 있으며 거더 높이가 일정하다면 어떤 교량에도 적용 가능하다. 지보공을 거치할 수 없는 도로 또는 철도를 횡단하는 교량 가설에 최적의 공법이다. 일반적으로는 지간 30~60m의 연속 거더교로서 교량 연장 150m 이상의 교량에 자주 적용된다.

이동 지보공식 가설공법(가동지보공공법)

거푸집과 지보공을 일체화한 대형 이동 지보공에 의한 가설공법으로서, 교각 사이에 설치한 지보 거더와 거푸집을 일부 해체하는 것만으로 다음 경간에 이동하여, 교량 거더를 1경간씩 제작한다. 움직이는 콘크리트 거더의 제작공장과 같은 것이다. 이 공법은 ① 기계화된 지보공과 거푸집에 의해, 빠르고 안전하며 확실한 시공이 가능하며, ② 전천후 작업이 가능하며, 또한 압출가설공법과 동일하게 ③ 조립식 작업성, ④ 거더 하부 공간에 좌우되지 않는 장점이 있으나, 설비비가 높기 때문에 연장 500m 이상에서 경제적이다. 또한 이 공법은 경간 25~40m 정도가 최적이며, 1경간당 시공 싸이클은 14~15일 정도이다.

콘크리트교의 가설방법을 알려주세요 (Part-2)

켄틸레버공법(Free Cantilever Method)

교각 양측에 설치한 이동식 작업차 속에서 거푸집 조립, 철근 및 PC 강봉의 배치, 콘크리트 타설, 양생 후의 프리스트레스 도입 등을 실시하여 일체화하는 공법이다. 그 후에는 순차적으로 작업차를 이동시켜가면서 반복한다. 1싸이클당 보통 7~9일에 3~5m 정도 진행하며, 특별한 경우에는 10~15m도 가능하다. 밀어낸 거더는 교각을 중심으로 양측에서 서로 균형을 취하고 있어 균형 켄틸레버 공법이라고도 한다. 깊은 계곡이나 큰 하천, 도로·철도로 인해 지보공을 시공할 수 없는 경우에 적용 가능한 획기적인 공법이다. 일본에서는 1959년 카나가와현의 아라시야마 교량에 처음 도입된 이후 널리 적용되고 있다. 켄틸레버공법이 적용된 최대 지간장 교량은 시즈오카현에 있는 하마나대교로서 240m에 이른다. 이 공법은 PC 거더교뿐만 아니라, 콘크리트 아치교, PC 사장교의 가설공법에도 적용되어 PC 장대교 발전에 크게 기여하였다.

프리케스트 거더 가설공법

공장 또는 현장 인근 제작장에서 만든 PC 거더를 트레일러 등으로 운반하여 크레인 및 가설기계로 상부 위치에 거치하는 공법이다. 교각 시공 중에 거더를 미리 제작해둘 수 있기 때문에 공기 단축에 유리하다. 프리케스트 거더의 크기는 지간 5m(I형, 0.6tf)로부터 40m(T형, 100tf)

정도이며, 신칸센 교량에서는 지간 50m(박스 거더, 300tf)로 되어 있다.

프리케스트 블록 가설공법

공장 또는 현장 인근 제작장에서 대량으로 제작한 PC 거더의 블록을 가설현장에 운반하여 상부 위치까지 들어 올려 포스트텐셔닝 방법에 의해 일체 구조를 조립하는 공법이다. 블록간 접합면에는 ① 에폭시 수지계 접착제, ② 드라이조인트(PC 부재의 접합에 용접이나 볼트를 이용하여 접합시키는 것으로서, 모르터나 콘크리트로 충전하는 것이 아님), ③ 현장 타설 콘크리트 또는 모르터 등이 이용되지만, 일반적으로 ①을 주로 적용하고 있다. 이 공법이 경간 40m 이상 교량에 적용되기 시작한 것은 비교적 최근이며, 1963년에 가설된 프랑스 센 강의 Chosy le Roy Bridge가 처음이다. 한편 이 공법은 고정 지보공식 가설공법이나 켄틸레버공법과 완전히 동일한 방법으로 가설된다.

강교의 가설방법을 그림으로 설명해주세요

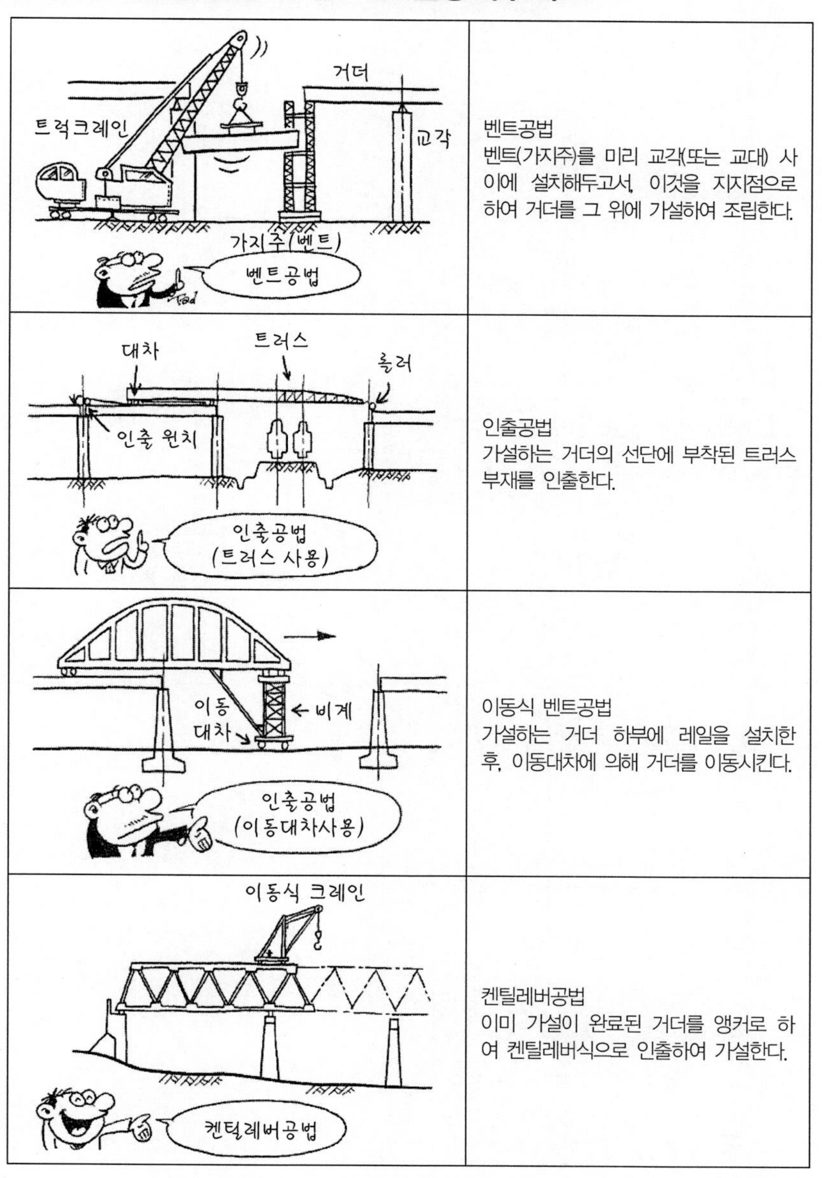

벤트공법
벤트(가지주)를 미리 교각(또는 교대) 사이에 설치해두고서, 이것을 지지점으로 하여 거더를 그 위에 가설하여 조립한다.

인출공법
가설하는 거더의 선단에 부착된 트러스 부재를 인출한다.

이동식 벤트공법
가설하는 거더 하부에 레일을 설치한 후, 이동대차에 의해 거더를 이동시킨다.

켄틸레버공법
이미 가설이 완료된 거더를 앵커로 하여 켄틸레버식으로 인출하여 가설한다.

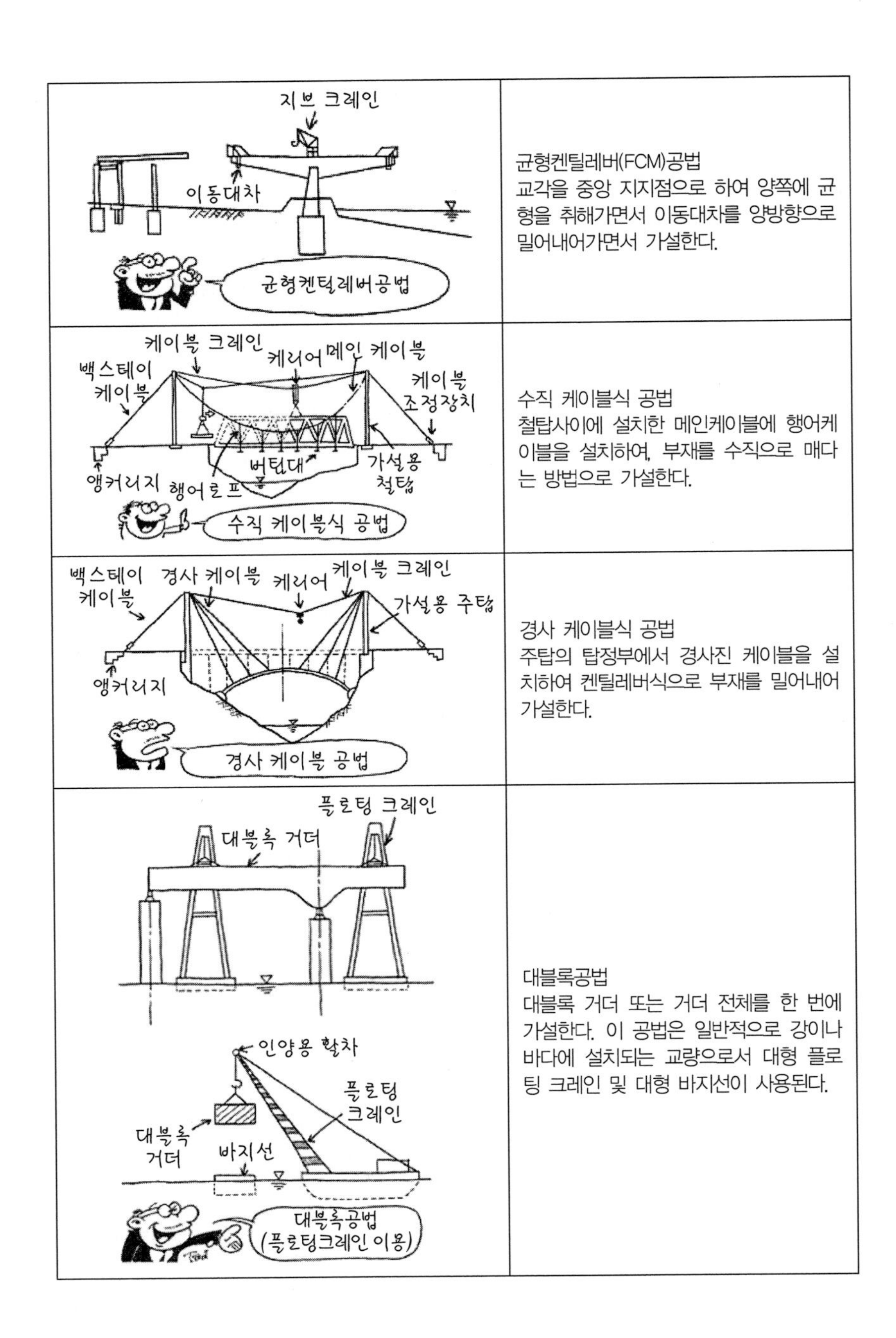

균형켄틸레버(FCM)공법
교각을 중앙 지지점으로 하여 양쪽에 균형을 취해가면서 이동대차를 양방향으로 밀어내어가면서 가설한다.

수직 케이블식 공법
철탑사이에 설치한 메인케이블에 행어케이블을 설치하여, 부재를 수직으로 매다는 방법으로 가설한다.

경사 케이블식 공법
주탑의 탑정부에서 경사진 케이블을 설치하여 켄틸레버식으로 부재를 밀어내어 가설한다.

대블록공법
대블록 거더 또는 거더 전체를 한 번에 가설한다. 이 공법은 일반적으로 강이나 바다에 설치되는 교량으로서 대형 플로팅 크레인 및 대형 바지선이 사용된다.

콘크리트교의 가설방법을 그림으로 설명해주세요

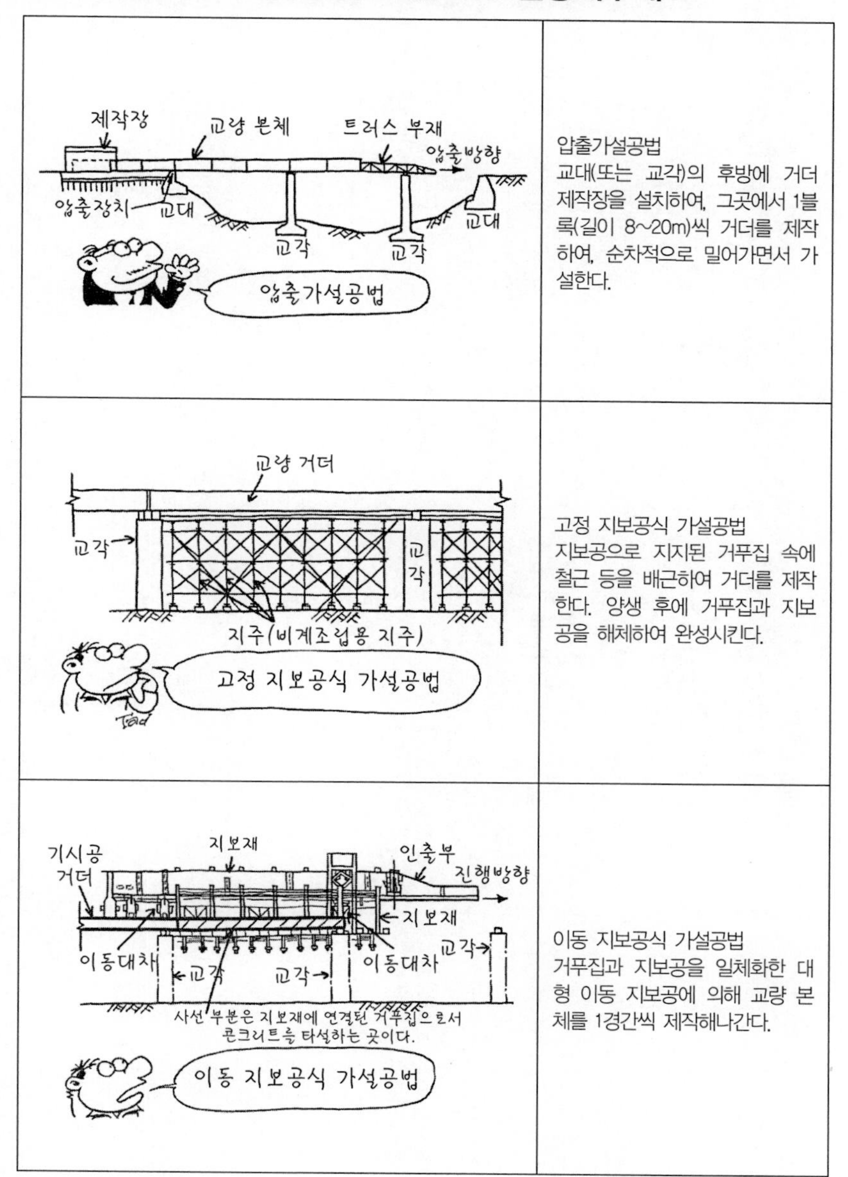

압출가설공법
교대(또는 교각)의 후방에 거더 제작장을 설치하여, 그곳에서 1블록(길이 8~20m)씩 거더를 제작하여, 순차적으로 밀어가면서 가설한다.

고정 지보공식 가설공법
지보공으로 지지된 거푸집 속에 철근 등을 배근하여 거더를 제작한다. 양생 후에 거푸집과 지보공을 해체하여 완성시킨다.

이동 지보공식 가설공법
거푸집과 지보공을 일체화한 대형 이동 지보공에 의해 교량 본체를 1경간씩 제작해나간다.

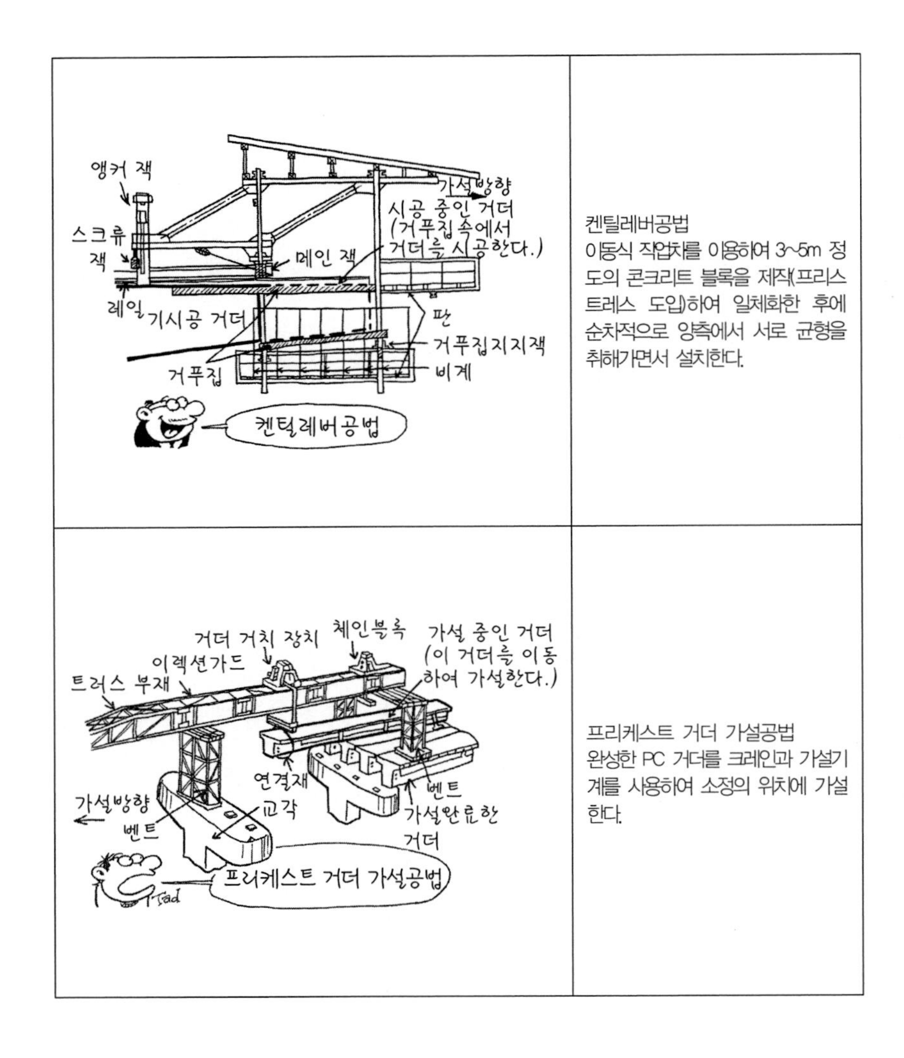

켄틸레버공법
이동식 작업차를 이용하여 3~5m 정도의 콘크리트 블록을 제작(프리스트레스 도입)하여 일체화한 후에 순차적으로 양측에서 서로 균형을 취해가면서 설치한다.

프리케스트 거더 가설공법
완성한 PC 거더를 크레인과 가설기계를 사용하여 소정의 위치에 가설한다.

대형 해상크레인의 인양 능력은?

해상에서 교량을 설치하는 방법으로 최근에는 일괄가설공법(대블록가설공법)이 많이 적용되고 있다. 이 공법은 거더 전체 또는 대블록을 한 번에 가설하는 공법이다. 공장(또는 제작장)으로부터 가설지점이 가까운 경우에는 대형 해상 크레인을 이용하여 교량 거더를 매단 상태로 그대로 운반한다. 가설지점이 먼 경우에는 바지선을 이용하여 운반한 다음, 교대나 교각 등의 소정위치에 내려서 설치하게 된다. 이 공법은 주로 해상에 교량을 설치하는 사례가 많아지면서 널리 활용되었다.

일본에서 본격적으로 대형 크레인을 사용하기 시작한 것은 히로시마현의 해군 전함 건조 시부터였다. 이때 크레인은 높이가 약 52m의 강철제였으며, 1908년에 영국으로부터 부품을 수입하여 조립하였으며 인양능력이 최대 200tf 정도였다.

일본에 현존하는 최대 대형 해상 크레인은 1987년에 완성한 '카이쇼'로서 4,100tf의 인양 능력(관련 부품 및 케이블 등을 제외하면 3,700tf)이며 자중은 23,000tf이다. 갑판 크기는 축구 운동장의 넓이와 거의 동일하며, 120×55m이다. Jib(크레인의 지주)의 길이는 150m이며, 전방 110m까지 밀어내어 높이 120m 물건을 들어 올릴 수 있다. 자력 주행은 불가능하기 때문에 16,000마력의 예인선단(船團)이 사용되며 시속 7km로 운행된다.

인양 방법을 설명하면, 먼저 발라스트 탱크(ballast tank)에 해수를 주수하여 선체를 뒤쪽으로 2° 정도 기울인다. 인양 대상물을 들어 올려 선체가 수평이 된 시점에서 부력이 약 3,000tf이다. 또한 인양 케이블은 직경 75~100mm의 와이어로프를 사용하며 총연장 3,400m에 이른다. 케이블의 낙하 속도는 50cm/분이다. 이 해상 크레인의 건조비는 약 51억 엔이며, 그중에서 케이블 비용은 10억 엔이나 된다.

이런 대형 해상 크레인을 이용하는 장점은 기후 변화가 큰 해상에서의 작업을 최대한 줄일 수 있다는 점이다. 이는 곧 현장 작업자 확보가 어려워지고 있는 현 상황에서 안전성 확보, 공기 단축, 작업효율 향상, 경비 절감 등에 직결된다.

대형공사 사례로는 1993년 한신고속도로공단이 건설한 니시노미야대교가 있는데, 8,500tf의 교량 몸체를 4,100tf, 3,600tf, 3,500tf의 해상 크레인 3대를 이용하여 동시에 들어 올렸다. 해상에서는 4,100tf의 해상 크레인을 이용할 수 있으나, 육상에는 운송 및 이동상의 제약으로 인해 500tf 정도가 최대이다.

해상 크레인의 제작연도별 인양 능력

제작연도	크레인 인양 능력
1961년	500 tf
1964년	1,000 tf(자체 항행)
1967년	1,200 tf
1971년	1,500 tf
	2,000 tf
1980년	3,000 tf(Jib 1본)
1987년	4,100 tf(Jib 1본, 카이쇼)

바다 속의 교량 기초는 어떻게 설치하는 것일까?

일반적으로 평야지대의 하천, 계곡, 도심지 내부 등에서 기초를 설치하는 경우에는 건설지점에서 대부분의 작업을 수행하지만, 수심이 10m 이상이면서 해저로부터 비교적 얕은 곳에 지지층이 있는 경우에는 '케이슨공법'이 주로 적용된다. 케이슨이란 강제 또는 철근 콘크리트제의 박스를 말하는 것으로서, 큰 빌딩에 버금가는 구조물이다. 건설지점인 해저로부터 지지층까지의 굴착과 육상에서의 케이슨 제작이 동시에 이루어지기 때문에, 공기 단축과 현장 작업을 줄일 수 있다. 이 공법은 세토대교(건설 : 1978년~1988년) 공사를 위한 대형 해상기초 시공을 위해 고안된 것으로서, 세계 최대 규모로 시공된 사례로는 아카시교대의 주탑 2기가 있다.

아카시대교의 주탑 케이슨은 강철제로 제작되었으며, 직경 80m 및 78m, 높이 70m의 원통형 구조이다. 외부 둘레는 폭 12m의 이중벽 구조로 되어 있으며, 이는 예인선으로 끌고 가기 위한 부력을 고려한 구조이다. 그리고 이러한 크기를 결정한 이유는 고베 측 해저지반이 해수면 아래 −46m이며 높이 300m의 주탑 자중이 25,000tf, 주탑 탑정부에서 받고 있는 케이블로부터의 하중이 50,000×2본=100,000tf, 합계 125,000tf를 지지할 수 있어야 하기 때문이다.

먼저, 조립식으로 케이슨을 제작하기 위해 각 공장에서 제작한 케이슨 블록을 대형 데크가 있는 공장으로 집결시킨 후 조립하게 된다. 이어서 데크 내에 물을 넣어 부상시킨 후 케이슨을 현장까지 예인한다. 15,000tf의 케이슨을 육상으로 운반하는 것은 불가능하기 때문에 해상운반을 하여야 한다.

한편 건설현장에서는 초대형의 그래브 준설선에 의해 해저면을 20m 아래까지 굴착하게 된다. 그래브 준설선의 버킷은 1회에 약 32m^3(덤프 5대분)의 토사를 굴착할 수 있다. 정확하게 굴착한 것인지에 대해서는 수중 다이버, 리모트 컨트롤러 등에 의한 잠수정 및 비디오카메라를 이용하여 확인한다. 현장까지 예인된 케이슨을 미세하게 조정해가면서 소정의 위치까지 침설시키는 일은 매우 중요한 작업에 해당한다. 주탑 부근의 조류는 최대 4m/sec나 되기 때문에, 이 작업은 연간 조류가 가장 작아지는 소조기(1989년 6월)에 실시하였다. 도착한 케이슨은 미리 해저에 설치해둔 1,000tf의 철제 중량물(수중 싱커) 8개에, 각각 직경 12cm의 케이블에 연결시켜 윈치를 이용하여 잡아당긴다. 이때 케이슨을 침하시키기 위해 이중벽 내부에 물을 주입한다. 케이슨을 해저의 소정 위치에 설치한 후에는 수중 콘크리트를 타설하는 작업이 이어진다. 이 콘크리트에는 마치 풀과 같은 역할을 하는 특수한 혼화제를 섞기 때문에 수중에서도 재료가 분리되지 않는다. 이것으로 현수교의 보강 거더, 케이블, 주탑의 무게를 모두 해저에서 지지하는 중량 약 100만tf의 기초가 완성된다. 아카시해협과 같이 조류가 심한 곳에서는 기초 주변에서 세굴이 발생하기 쉽다. 그렇기 때문에 조류 유속을 억제함과 동시에 기초 주변의 해저지반이 세굴되지 않도록 1t 정도의 큰 석재를 기초 주위 80m에 걸쳐 10m 높이로 적재하였다.

이상에서 설명한 작업내용으로 어느 정도 이해가 되었으리라 생각되지만, 사실 이 기초는 해저에 놓여져 있을 뿐이다. 즉, 강철제의 주탑+케이슨 등의 구조물 자중과 해저면의 마찰력만으로 지지하고 있는 상태이다. 그렇기 때문에 기초저면이 해저면과 빈틈없이 일치하지 않으면 안된다. 이들 작업이 종료되면 이어서 주탑 설치(163페이지)로 넘어간다.

칼럼 8

★가마쿠라시대의 교량 말뚝

1923년 9월 1일의 관동대지진과 이듬해 1월 15일에 발생한 지진 이후에 카나가와현의 시모마치야 교량 근처의 논에서 편백나무로 만들어진 말뚝(둘레가 1.8~2.1m) 7본이 나타났다.

이것은 가마쿠라시대(1185년~1333년)에 설치된 교각의 말뚝으로서 약 700년간 지중에 묻혀 있었던 것이다. 말뚝은 열과 열 사이의 간격(지간) 8.2m, 폭 7m 정도였으며, 그 당시의 많지 않은 큰 교량 중의 하나였던 것으로 추정된다. 목재 말뚝은 고대로부터 교량 기초로 자주 활용되었다.

1198년 이 교량이 완성된 때에 당시 대장군이었던 미나모토쇼군이 출석하였다. 그러나 그는 교량 준공식 후 돌아가는 길에 감기에 걸려 몸 상태가 나빠져 낙마하게 되는데, 이것이 원인이 되어 다음 해에 사망한 것으로 전해져 오고 있다.

현수교 케이블은 어떻게 바다 위에 설치하는가?

현수교는 보강 거더를 매달고 있는 케이블에 의해 하중을 지지하는 구조이며, 이 케이블은 가장 핵심적이며 중요한 부재에 해당한다. 현수교는 원래 나무 넝쿨을 반대편 계곡에 설치하는 것으로부터 시작되었다고 알려져 있는데, 현재도 아프리카와 남아메리카의 일부 지역에서는 활과 화살을 이용하여 최초의 로프(파이롯트 로프라고 일컬어짐)를 설치하고 있다. 이 방법은 양 계곡의 거리가 짧거나 하천 수심이 얕은 경우에는 문제가 되지 않지만, 그 거리가 길거나 수심이 깊은 경우에는 로프 설치 시 문제가 발생한다.

파이롯트 로프를 양쪽에 설치하는 일은 해협을 사이에 둔 교량 작업 시에는 반드시 필요한 작업이다. 아카시대교에서도 예외는 아니었으며 해협을 건너면서 설치하는 방법도 시대와 더불어 발전해 왔다.

교량의 지간장이 길어지면서 먼저 생각해낸 방법으로는 배를 이용하여 파이롯트 로프를 운반하는 것이었다. '오카토대교', '카몬대교', '인노시마대교'에서는 항로를 폐쇄한 후에 파이롯트 로프를 부표에 설치하여 예인선으로 잡아당겨서 설치하였다. 그러나 파이롯트 로프를 반대편으로 넘긴 후에 부표를 제거하기 위해서는 별도의 작업이 필요하기 때문에, 항로 폐쇄 시간이 길어지는 단점이 있었다. 다음에 시공된 '오오나루토대교'에서는 주탑에서 파이롯트 로프를 예인선까지 곧바로 연결시킨 후 이를 당겨서 설치하였다.

'세토대교'의 경우에는 선박의 왕래가 매우 빈번하기 때문에 해상 크레인의 Jib(물건을 들어 올리기 위한 arm)를 높이 세워서 설치하였다.

그러나 이 방법에서도 조류가 가장 약한 소조기에 선박 왕래가 많았기 때문에, 해상 크레인이 해협을 횡단하기에 어려움이 많았다.

이러한 점으로 인해 극심한 조류 및 선박 운항이 많은 아카시대교에서는 대형 헬리콥터와 경량이면서도 고강도를 가지는 아라미드 섬유 로프를 이용하여 해면과 전혀 관계없는 설치 작업을 실시하였다. 이때 파이롯트 로프의 굵기는 10mm, 무게는 1m당 91.7g의 경량이었다. 그러나 로프가 해수에 침수되면 무게가 무거워져서 들어 올릴 수 없게 되어 헬기 추락으로도 이어질 수 있기 때문에, 로프 절단 방법 및 그 때의 선박 운행안전 등을 충분히 검토하여 1993년 11월 10일 오전 중에 작업을 완료하였다.

그 후에는 캣워크(cat walk)라고 불리는 공중비계(작업장)를 설치하고 이어서 주케이블이 설치된다. 장대 현수교의 주케이블은 꼬임이 없는 평행선 와이어가 이용되어 왔다. 가설법으로는 와이어를 1본씩 설치하는 AS(Air spinning)공법과 PWS(Parallel wire strand)공법이 있다. PWS 공법은 공장에서 소정의 길이로 절단하여 양 끝단에 소켓을 부착하여 현장으로 운반하며 스트랜드 단위로 가설하는 공법이다.

아카시대교의 주케이블은 직경 112cm이며 고강도 아연도금 강선(직경 5.23mm의 소선)을 36,830본 설치하였다. 좀 더 상세히 설명한다면 127본의 소선을 평행하게 묶은 평행선 스트랜드를 모두 290본으로 하는 주케이블이 시공된 것이다. 따라서 소선 127본×290본=36,830본의 주케이블은 약 65,000tf의 인장력에 저항할 수 있다.

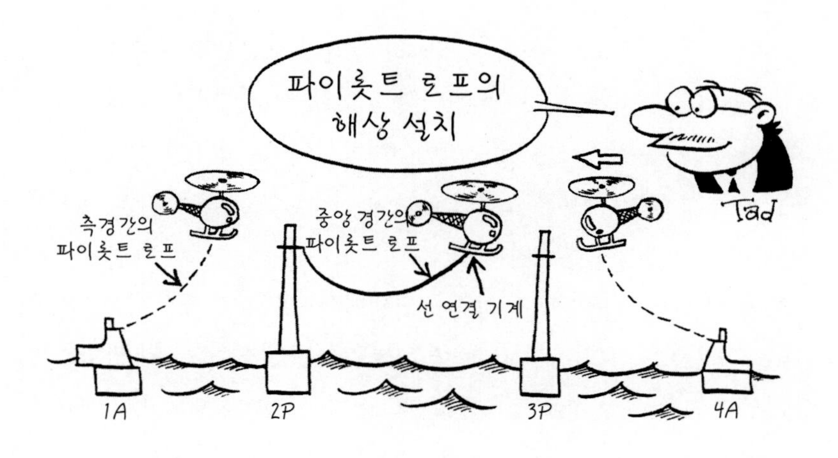

케이블의 장력은 일정할까? 장력은 어떻게 측정할까?

최근 교량의 지간장이 점점 길어지면서 외관에서도 우수한 특징을 가지고 있는 케이블 형식의 교량 건설이 증가하고 있다. 케이블 형식의 교량이라면 일반적으로 현수교와 사장교를 떠올리지만, '닐슨아치교'에서도 아치 리브의 골조에 경사진 케이블을 설치하여 교량 거더를 지지하고 있다.

한편 케이블은 교량 가설 시에도 자주 이용되고 있다. 현수교의 가설 시에 이용되는 캣워크와 현수교 주탑의 제진용 케이블 등이 그 예이며, 부재를 연직으로 매달아 가설하는 케이블식공법(cable erection)과 켄틸레버식공법에서도 케이블이 사용된다. 그뿐 아니라 현수교에서는 내풍 안정성을 향상시키기 위한 내풍 케이블(storm cable) 등이 있다.

이러한 케이블은 각각 적정한 크기의 장력을 도입하여 사용하게 되는데, 이 장력은 어떻게 측정하며 관리하는 것일까? 케이블을 절단하여 그 내부에 계측기를 설치하는 것도 방법이지만, 케이블 내부를 절단하는 것은 그 구조상 불가능하다. 그렇기 때문에 현재 실시되는 케이블 장력 측정법은 크게 2가지로 분류된다.

첫 번째는 케이블의 고정단에 로드셀이라는 압력계측기를 끼워넣어 작용－반작용의 법칙으로부터 장력을 계측하는 방법이다. 이 방법은 정밀도가 매우 높은 반면에 로드셀을 재사용하는 것이 불가능하기 때문에 고비용이 된다.

두 번째는 케이블의 진동수(1초에 몇 싸이클의 진동이 있는지를 나타내는 수치)로부터 장력을 환산하는 방법이다. 기타나 바이올린의 현을 강하게 잡아당기면 음이 높지만, 반대로 약하게 잡아당기면 음이 낮은 것을 많은 경험에 의해 알고 있을 것이다. 음은 현의 진동에 의해 발생하기 때문에 현의 장력과 진동수에는 밀접한 관계가 있다.

단위길이 당의 질량밀도가 ρ($\rho = wA/g$, w : 현의 단위체적중량, A : 단면적, g : 중력 가속도)이고 길이 l인 현의 장력 T와 1차 진동수 f_1과의 관계는 $T = 4f_1^2 \cdot l^2 \cdot \rho$이 된다. 이 관계식으로부터, 동일한 길이의 케이블에 장력을 2배로 하게 되면 진동수는 $\sqrt{2}$ 배가 되며, 질량밀도를 2배로 하면 진동수는 $1/\sqrt{2}$ 배가 되는 것을 알 수 있다. 케이블 재료로부터 질량밀도 ρ를 알게 되고 길이 l은 설계도면 또는 계측으로 각각 알 수 있기 때문에 진동수 f_1을 알게 되면 앞의 관계식을 이용하여 장력 T를 간단하게 계산할 수 있게 된다.

수 Hz(헤르츠) 이하의 진동수 범위라면, 수회의 진동을 평균하는 등의 방법으로 간단한 계측기로도 제법 정확한 정밀도로 진동수 f_1을 구할 수 있으며 비용도 높지 않은 편이다. 다만, 이론식에 사용되는 케이블의 경계조건이 실제와 다른 점 및 질량밀도가 케이블 정착에 사용되는 부착물 등에 의해 다소 차이가 나는 이유 등으로 인해 직접 로드셀을 이용하여 계측하는 것보다는 정밀도가 약간 떨어지기도 한다. 그러나 이러한 한계성은 이미 개선되어 있으며, 진동수에 의한 케이블 장력 측정법은 일반화된 방법으로서 자주 활용되고 있다.

교량의 리모델링 사례를 알려주세요 (Part-1)

목재 등 수명이 짧은 재료를 사용한 교량은 제외하고 교량의 주요 부재가 부식되거나 예상 교통량을 초과하는 등의 원인으로 인해 피로손상이 두드러지거나 낙교의 위험성이 있는 경우에는 현재 사용되고 있는 교량 옆에 새로운 교량을 건설하게 된다. 그러나 손상이 그다지 심하지 않거나 새로 가설할 만한 공간도 없는 경우에는 기존 부재를 사용하여 교량 형식을 달리하여 새롭게 리모델링하는 경우도 있다. 교량을 리모델링한 예로서 Part-1에서는 현수교를 아치교로, 아치교를 거더교로 개조한 사례를 소개한다.

현수교를 아치교로

도쿠시마현의 요시노강에 설치된 '미요시 교량'은 1927년에 일본 최초로 국철에 설치된 본격적인 현수교 형식의 교량이다. 교장 243.6m, 주경간 139.9m, 유효폭원 6.1m의 단경간 현수교로서 보강 거더는 중앙 경간의 가운데에 힌지가 있는 3경간의 포니트러스(pony truss) 구조이다. 1987년, 이 교량에는 케이블 앵커 부식이 원인으로 여겨지는 케이블 손상이 발견되었다. 강도는 당초에 비해 50% 정도 저하였으나 다른 부재에는 이상이 없었기 때문에 ① 현수교안, ② 사장교안, ③ 상로 아치교안 등의 보수방법이 검토되었다. 이 중에서 ③ 안은 상부공 전체를 새로이 설치하는 것임에도 불구하고 경제적인 이점이 높아 채택되었다.

③ 안의 기본구조는 기존의 보강 트러스 거더를 그대로 사용하고 그 아래에 아치리브를 설치하여 이를 트러스 거더와 일체화시킨 '로제교'로 설계한 것이다. 현수교는 거더를 위에서 매달고 있는 구조이지만 상로식 아치교에서는 아래에서부터 거더를 위로 지지하는 구조이기 때문에 기존구조와는 완전히 반대되는 구조가 된 것이다. 트러스 거더는 가느다란 부재로 구성되어 있기 때문에 트러스 거더를 손상시키지 않도록 주의하면서 거더 아래에 아치리브를 먼저 조립한 후에 현수교로부터 케이블을 철거하였다. 현수교의 케이블을 느슨하게 하여 아치리브에 하중이 작용하도록 함에 있어서는 계산에 의해 미리 관리치를 구해 놓고, 주요 부재에는 센서를 설치하여 실측치와 비교해가면서 신중하게 작업을 진행하였다. 이 교량은 1987년부터 공사를 시작하였으며 1989년에 새로운 형식의 교량으로 거듭나게 되었다.

아치교를 거더교로

기후현의 기후역 구내에는 1955년에 완성된 경간 65m의 카노고센교(랭거 거더교)가 있었다. 기후역 리모델링을 위한 고가공사에서 아치부분이 방해가 되었기 때문에, 신설 교각을 건설하여 거더를 지지시킨 후에 아치리브를 철거하여 연속 거더교로 변경한 사례이다. 몇 경간의 연속교로 할 것인가에 대해서는 응력계산을 실시하여 보강이 필요 없는 5경간 구조를 선정하였다.

아치리브를 절단할 때의 일반적인 경향은 경간을 크게 취하는 방법을 선정하는데, 이 경우에는 기차역의 구내임에도 불구하고 역발상을 적용하여 교각을 신설하는 방법으로 시공하였다. 당시, 이 아치교의 개조에 관여한 사람들은 아치리브의 단부를 남기는 것에 대해 애석해하기도 하였다고 한다.

교량의 리모델링 사례를 알려주세요 (Part-2)

Part-1에서는 현수교를 아치교로, 아치교를 거더교로 각각 리모델링한 사례에 대해서 살펴보았다. Part-2에서는 2힌지 아치교를 Spandrel-braced 아치교로 변경한 사례와 콘크리트 아치교의 확폭 사례를 소개한다.

2힌지 아치교를 Spandrel-braced 아치교로

'세미마루교'는 1963년 개통한 메이신 고속도로의 오오츠IC~교토히

가시IC 사이에 있는 상로식 2힌지 아치교였다. 교통량도 개통 이래 28년 경과한 시점에서 약 10배로 확대되었으며, 상판 및 강재 거더 부재에 균열 등의 손상이 발생하였기 때문에 근본적인 보강대책을 실시하였다. 손상 원인은 상판과 아치부가 서로 상이한 거동을 보이는 것으로 추정되었기 때문에 사재·수직브레이싱·수평브레이싱을 추가하여 전체의 강성을 높여 일체화되도록 하였다. 손상도가 큰 RC 상판과 수직재는 교체하였으며, 장기적 내구성이 기대되는 아치리브는 그대로 활용하였다. 새로이 설치되는 상판에 대해서는 아치리브로의 부담저감 및 교량 거더 재료와의 일체화 가설 등이 우수한 강상판 형식을 채용하였다. 일과시간에는 전면 통행정지가 불가능하기 때문에 교체공사는 야간의 8시간을 전면 통제하여 작업을 실시하였다. 교체방법은 현재 교량의 RC 상판을 가로보가 있는 위치에서 절단(14매)하여 철거하고, 7매로 분할된 강상판 블록을 1일 1매씩 교체하였다. 교체공사는 하행선은 1989년 10월 11일~24일에, 상행선 공사는 1990년 10월 20일~11월 2일에 각각 완료하였다.

콘크리트 아치교의 확폭 사례

1930년대에 건설된 콘크리트 아치교로 경간 130m인 핀란드의 '펠즌드교, Färjsund bridge'는 폭원 6.0m로서 교통량의 증가에 대응할 수 없게 되어 확폭의 필요성이 대두되었다. 그러나 이 교량은 주변과 좋은 경관을 이루고 있는 점이 지적되어 ① 현재 교량의 형태가 가능한 한 유지되도록 할 것, ② 부재치수는 현 교통량에 기초한 활하중에 의해 결정할 것, ③ 현재의 2차선(6.0m)을 4차선(11.0m)으로 확폭할 것, ④ 신설교량은 구교량의 양쪽 측면에서 서로 일체화하여 건설할 것 등의 조건하에서 확폭공사가 실시되었다.

신설 교량 가설 시의 구조적 유의점으로는 먼저, 구구조와 신구조에서는 콘크리트의 재령 차이에 기인한 크리프 현상으로 인해 신설 교량의 하중이 구교량에 재하하게 된다. 이는 가설 시에 구교량의 하중 일부를 신설교량에 재하해둠으로써 대처하였다. 아치리브는 프리케스트 블록으로 수면에서부터 lift-up 방법에 의해 가설하였다. 또한 가설 시에는 구교량의 변형을 계측하여 이를 설계치와 비교하면서 현장관리를 수행하였다.

신설 교량의 아치부가 완성된 후에 구교량의 하중 일부를 신설 교량에 부담시키는데, 이를 위해서 2개의 구조계를 가로보 위치에서 횡방향으로 서로 결속시킴으로써 일체화하였다. 가설 시에 이용된 구교량의 수직재와 보강 거더는 철거하지 않았으며, 수직재의 경우에는 신설교량의 일부로 사용하였고, 보강 거더의 경우에는 상판의 일부 거푸집으로 사용하였다. 이렇게 리모델링한 아치교는 구교량을 신설교량의 일부로 사용함과 동시에 그 발판으로 삼아, 기존의 약 7배의 활하중에 견딜 수 있는 구조로 탈바꿈되었다. 리모델링 공사는 1980년 겨울부터 시작하여 10개월 만에 완료되었다.

아카시대교의 주탑에 사용한 메탈터치란?

'메탈터치'라는 말은 일반적으로 그다지 들어본 적이 없는 용어일 것이다. 강구조 용어사전(일본강구조협회편)에 의하면, "재료면을 밀착시키는 것", "강제 기둥의 이음접합면을 밀착시켜서 축력 및 휩모멘트의 일부를 직접 전달시키는 것"으로 되어 있다. 이음접합부의 밀착성을 주요시하는 이유에 대해서 아카시대교의 주탑을 이용하여 설명하기로 한다.

일본 혼슈와 아와지섬을 서로 연결하는 아카시대교는 주탑 간의 거리가 1,991m로서 1998년 4월에 완성된 세계 최장의 현수교이다. 교량 공사 중인 1993년 1월 25일에는 고베 측 주탑이, 4월 12에는 아와지섬 측 주탑이 각각 완성되었다. 주탑 높이는 282.8m이며 이는 333m의 도쿄타워보다 높지는 않으나 296m의 요코하마 랜드마크타워와는 거의 동일한 정도이다. 도쿄타워는 저면이 88m×88m로서 탑정부로부터 기초부로 내려갈수록 점점 넓어진다. 요코하마 랜드마크타워는 저면이 71.6m×71.6m이며, 두께와 폭 모두 안전성이 높은 구조물로 되어 있다. 이에 비해 아카시대교 주탑은 저면이 14.8m×6m(88.8m^2)로서 아파트 30평형 정도의 면적에 불과하다. 두 개의 타워와 또 다른 점은 탑정새들을 매개로 하여 케이블로부터 약 10만tf의 힘을 받아, 이를 기초로 전달하고 있는 점이다. 그렇기 때문에 주탑 연직성이 지구의 중심과 일치하지 않으면 하중을 지지할 수 없게 되어 휘어지는 일이 발생할 수 있다.

주탑은 종(수직)방향으로 30단 분할가설하였으며, 각단은 평면적으로 3개로 분할된 블록을 조립하는 방법을 취하였다. 이는 가설용 크레인이 약 160tf의 인양 능력밖에 없었기 때문이다. 여기서 문제가 되는 것은 30단의 블록을 종방향으로 계속해서 쌓아갈 때에 연직방향의 정밀도이다. 1개 블록의 시공정밀도는 기울기 경사가 20초(연직방향으로 1/10,000) 이내가 되도록 하였다. 이 정도의 정밀도는 길이 10m 건물의 경사가 옥상에서 1mm 이내를 의미하는 것이다.

또한 길이 10m의 블록을 30개 쌓아올린 경우에 1개 블록당 오른쪽으로 모두 1/10,000의 오차가 있다고 가정하면, 탑정부에서는 30/10,000≒1/3,000만큼 오른쪽으로 경사진다(이는 300m에서는 100mm나 된다). 높이 282.8m인 이 주탑의 경사 허용치는 28mm로 하였다. 그렇기 때문에 건물 4~5층에 해당하는 블록을 현장에서 조립함에 있어서 상하의 블록을 매우 정밀하고 정확하게 접합시키지 않으면 오차가 발생할 수밖에 없다. 이러한 정밀도를 만족시키기 위해서는 블록 간에 서로 접하는 면을 얼마나 정밀하게 직각으로 절삭하는가가 중요하다. 메탈터치라는 것은 블록과 블록을 접합시키는 경우에 있어서 블록 단부가 어느 정도 정밀하게 밀착하고 있는가하는 것이다. 메탈터치가 어느 정도인가를 조사하기 위해서는 '간극 게이지'를 이용하게 된다. 이 간극 게이지는 식용랩(wrap)과 동일한 두께인 0.04mm이다.

아카시대교 주탑의 경우에는 160개소에 게이지를 설치하였으며, 메탈터치가 확보되지 못한 곳은 9개소로서, 메탈터치율 94.4%였다. 블록을 소정의 장소에 올려놓은 후 볼트구멍에 해머로 핀을 설치한다. 블록 주위에 먼저 약 1,000본의 핀을 타설하여 가고정한 후, 볼트체결을 시작한다. 1단을 고정시키는 데 약 1만 개의 볼트가 사용되며, 주탑 1기에 약 72만본의 볼트가 사용되었다. 메탈터치가 확보된 주탑은 전체가 하나의 구조체가 되며, 10만tf의 하중을 지지할 수 있게 된다.

교량에서 강재는 어떻게 접합시키는가?

강교의 제작순서는 먼저, 평면형 강판(steel plate)을 절삭하고 이를 조립하여 입체적인 각종 부재(member)를 만들게 되며, 이 부재들을 다시 입체적으로 배치시켜 전체구조를 만들어가게 된다.

강판은 그 강종과 두께가 서로 다르기 때문에 설계도에 나타나 있는 재료표에 따라 미리 준비해둔다. 또한 강판은 그 사용장소 및 목적에 따라 명칭이 이미 결정되어 있는데, 예를 들면 복부판(web plate), 플랜지 플레이트(frange plate), 커버 플레이트(cover plate), 보강재(stiffener), 솔플레이트(sole plate) 등이 있다. 이들 강재로부터 다양한 부재가 만들어지게 되며 이 부재는 구조적인 역할에 따라 다시 구분된다. 즉, 일반 거더교에서는 주거더(main girder), 바닥보(floor beam), 세로보(stringer), 브레이싱(bracing) 등으로 불리며, 트러스교에서는 현재(chord member), 수직재(vertical member), 사재(diagonal member), 교문(portal) 등의 명칭으로 불린다. 강판으로부터 부재를 조립할 때에는 일반적으로 용접(welding)을 하게 된다. 용접은 서로 다른 재료를 접착시키는 것이 아니라, 고열에 의해 금속을 융합시켜 접합하는 일종의 야금적 접합방법이다.

용접접합은 비교적 세부 구조를 자유롭게 제작 가능케 하며 강재도 적게 사용된다. 그러나 열에 의한 잔류변형량과 잔류응력의 영향이 발생하기도 하고, 또 시공이 불량하면 취성파괴 및 피로강도가 저하하는 경우가 발생하기도 하기 때문에 적절한 재질 사용 및 충분한 시공관리가 필요하다.

부재를 입체적으로 조립할 경우에는 주로 고장력 볼트를 사용한다. 한편 최근에는 거의 사용하지 않지만 리벳 등에 의한 기계적 접합법도 있다. 부재 내의 접합은 첨접, 부재와 부재의 접합은 연결이라고 구분하기도 하지만, 양자를 구별하지 않고 연결이라고 하기도 한다. 물론 이들 접합에 용접이 사용되기도 한다.

첨접은 접합용 강판, 즉 첨접판(splice plate)과 고장력볼트 등을 이용하여 부재를 접합한다. 그리고 연결은 연결판(gusset plate 또는 tie plate)과 고장력볼트 등을 이용하여 부재를 접합한다.

첨접 및 연결 시에 사용되는 '고장력 볼트이음'에는 마찰접합방식과 지압접합방식이 있다. 가장 자주 사용되는 것은 마찰접합방식이며, 접합 원리는 첨접판 또는 연결판과 모재를 고장력 볼트로 강하게 결속시켜, 그때 판과 판 사이에 발생하는 마찰력에 의해 접합시키는 것이다. 마찰력만으로 저 거대한 교량 부재가 연결되었다는 것을 의아하게 생각하는 사람이 있을지 모르지만 이는 사실이다.

고장력볼트의 연결은 볼트구멍을 미리 뚫어놓지 않으면 안 되기 때문에 부재의 단면적이 감소하는 효과가 발생한다. 따라서 이를 고려하여 조금 두꺼운 단면을 설계하는 것이 필요한데, 첨접판과 연결판 등의 추가적인 강판이 사용되기 때문에 용접접합보다 더 많은 강재가 소요된다. 현수교의 보강트러스 등에서는 이음수도 많아지고 또 이렇게 사용된 강재의 중량도 무시하지 못할 정도이다. 그러나 고장력볼트 이음은 현장 접합방식으로 편리하며 또 비교적 기상조건에서의 장점이 크기 때문에 자주 사용된다. 최근에는 용접에 대한 신뢰성이 높아져서 현장접합에 용접이음이 적용되고 있는 실정이다.

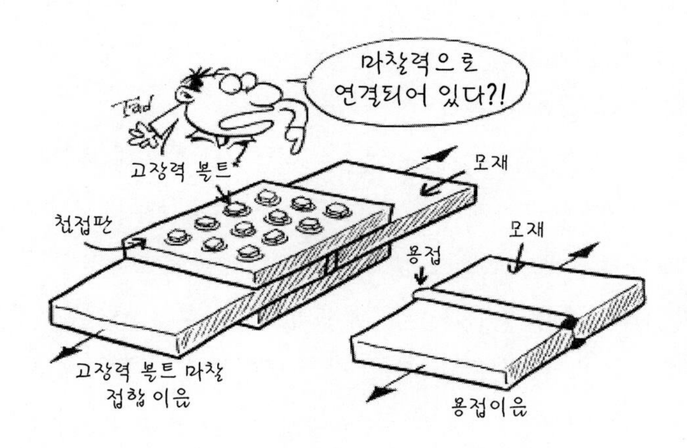

교량 유지관리업무란 무엇인가?

기원전부터 발전하여 번성했던 고대 로마의 도시시설은 어느 시기부터인가 새로운 시설을 만들기보다는 급격히 늘어난 보수비용이 부담되어 결국에는 천도한 것으로 알려져 있다. 이는 곧 구조물에 대한 유지관리의 중요성을 나타낸 것으로 볼 수 있는데, 교량의 경우에 있어서도 장기적인 사용성을 확보하기 위해서는 현 상태 파악 및 이상 발견 시의 신속한 대응 등이 필요하다.

교량의 유지관리(점검 및 보수 등)는 일상점검에 의해 변상이 발견된 경우에는 상세조사를 수행하고, 필요시에는 보수공사도 실시하며 보수공사로 부족한 경우에는 보강 또는 교체 등의 작업을 진행하게 된다. 먼저,

- 교량 상부구조 점검의 핵심은 강부재의 변형과 부식, 용접부의 균열, 상판 균열 및 탈락, 볼트 및 리벳의 결함, 받침부 및 신축이음부의 파손 등이 있으며, 콘크리트 교량에서는 균열 및 철근노출 등의 현상이 있다.
- 교량 하부구조 점검의 핵심은 교각·교대의 균열, 콘크리트의 박락, 기초의 세굴, 지지력 부족에 의한 교대·교각의 기울기, 이동, 침하 등이 있다.

다음은 대표적인 변상의 원인과 대책을 정리한 것이다.

콘크리트 상판의 균열

건설 시에 예상하지 못했던 대형차량의 반복적인 주행 등에 의해 철근

콘크리트 상판에 파손이 발생하기도 한다. 파손 정도에 따라 철판을 덧붙이기도 하며 상판을 지지하는 종방향 거더의 단면을 키우거나 상판두께 증가, 프리케스트 상판의 교체 등을 수행하기도 한다.

강재 교량의 부식

도장 수명은 8~10년 정도이지만 연안부에서는 3~4년 정도밖에 되지 않는다. 부식이 발생하기 쉬운 위치로는 이음부의 틈새, 거더 단부, 교량받침, 통풍이 불량한 교량 거더부 등이 있다. 부식 정도가 크지 않으면 재도장만으로 처리가 가능하지만 심한 경우에는 부재의 보강 및 교체 등이 실시된다.

콘크리트 교량의 파손

연안부의 콘크리트 교량은 바다로부터의 염분이 포함된 바람에 의해 콘크리트 박락 등의 피해가 발생한다. 이는 물에 용해된 염분이 콘크리트 내부로 침투하여 강재를 부식시키기 때문이다. 대책으로서는 강재의 녹 제거 및 방청처리를 실시하고 모르터 등으로 보수한다. PC 강재가 파단하여 내력부족이 발생한 경우에는 거더에 케이블을 추가 설치하여 보강하기도 한다.

하부구조의 변상

교각 및 교대 구체에 균열이 발생하여 박리된 경우에는 에폭시 수지 등을 이용하지만, 박리 정도가 심한 경우에는 철근을 추가하여 콘크리트로 단면을 증가시키기도 한다. 하부구조 전체에 변상이 발생한 경우에는 기초 파일의 증설, 기초단면의 확대 등을 실시한다.

향후 교량관리에는 다음과 같은 것들이 중요하다.

- 열화손상이 발생하는 원인을 정확하게 조사하고 예방하는 일
- 점검·판단·조치 등의 작업을 원활하게 수행하는 것
- 관리하는 각각의 교량에 대한 이력관리(DB 구축)
- 점검방법, 점검결과에 대한 평가방법, 보수·보강공법의 개발
- 계획적인 관리를 위한 관리시스템의 개발 등

교량 위에서 달리는 차량의 속도규제는 어떻게 결정되는 것인가?

주행 시 자동차에 작용하는 저항의 하나로 공기역학적 저항이 있다. 이에는 크게 기상 및 지형적 조건에 의한 자연풍과 인위적 원인에 의한 횡풍이 있다. 횡방향으로 불어오는 강한 바람은 운전자의 핸들조작을 방

해하여 경로이탈 및 슬립 등을 발생시키기도 하고, 풍속변동이 장시간 연속적으로 발생하는 경우에는 운전자의 긴장이 지속되어 교통사고의 간접적인 원인이 되기도 한다.

특히 해협을 횡단하는 교량에서는 바람이 강한 경우가 많은데, '오카토대교', '오노미치대교', '세키몬대교', '세토대교' 등에서는 주행차량의 안전성을 확보하기 위해 풍속에 의한 속도규제가 이루어지고 있다. 교량 관리자에 따라 규제방법이 다소 차이가 있기는 하나, 일례를 들어보면 4단계의 풍속 10～15m/sec, 15～20m/sec, 20～25m/sec, 25m/sec 이상에 대하여 각각 무규제, 80km/h, 50km/h, 통행금지 등의 속도규제가 있다.

이러한 속도규제는 많은 실험데이터와 이론해석 그리고 과거 실적 등을 토대로 만들어진 '자동차의 주행이 불안정한 한계 풍속과 차량 속도와의 관계'로부터 결정된 것이다. 횡풍에 대한 자동차의 주행 안정은 바람의 특성(돌풍율), 차종(바람을 받는 면적·차체중량·중심의 위치), 적재상태(불균형 적재), 노면상태(습윤·건조 등)에 영향을 받는다.

공기가 자동차의 주행에 미치는 영향으로 '공력 6분력'이 있는데, 진행방향(X축) 및 역방향에 대한 '항력', X축 주위의 '롤링 모멘트', 진행방향에 대해 횡방향(Y축)인 '횡력', Y축 주위의 '피칭 모멘트', 수직방향(Z축)의 '양력', Z축 주위의 '요잉 모멘트'가 있다. 이 중에서도 특히 바람에 의해 주행 중인 자동차가 크게 영향받는 '외력'으로는 '횡력', '양력', '요잉 모멘트'이다.

이들 외력은 바람을 받는 자동차의 면적, 공기밀도, 풍속, 차속 및 편요각(자동차의 진행방향에 대한 바람의 각도) 등을 파라메터로 한 풍동 모형실험으로부터 구해지는 횡력계수, 요잉모멘트 계수, 양력계수 등에 의해 계산된다. 또한 주행 시 횡풍에 대한 안정성 검토는 각 차종별로 풍속과 차속을 변화시켜가면서 횡방향 미끄럼과 전도에 대해 실시하며, 이를 종합하여 주행안전 한계선이 만들어진다. 이때 차량중량, 차량중심 위치, 주행속도, 타이어~노면 간의 횡방향 미끄럼 마찰계수 등이 산정 결과에 큰 영향을 미친다. 주행안전 한계선은 종축에는 풍속, 횡축에는 차속을 취한 그래프에 표시하게 되는데, 어느 차속에 대한 한계풍속 또는 어느 풍속에 대한 한계차속을 바로 알 수 있다. 바람에 의한 교량 위 차량의 속도규제는 이 주행안전 한계선을 토대로 결정된다. 횡풍에 대한 주행 안전성은 캠핑 트레일러가 극단적으로 나쁘고, 승용 및 왜건차가 동일한 정도이며, 소형트럭은 이들보다도 조금 더 좋은 것으로 알려져 있다.

교량상의 횡풍에 대한 대책으로는 여기서 기술한 교통규제 이외에도 교량에 방풍난간을 설치한 경우도 있다(요네야마대교, 미나토대교, 호쿠류큐 자동차도로 등). 그러나 장대 현수교에서 방풍난간과 같은 대책을 취하는 것은 내풍설계상 구조적으로 거의 불가능한 것으로 알려져 있다.

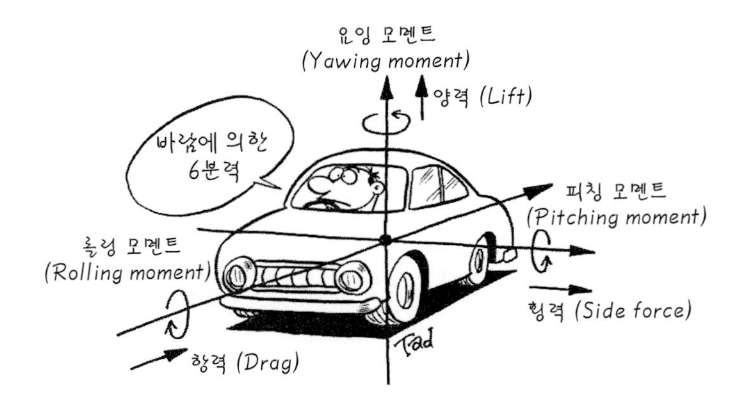

바람에 의해 교량이 흔들리는 경우에, 차량 주행성에 미치는 영향은?

장대 현수교 등에서 횡풍에 의해 거더가 진동하기 시작하는 풍속은 일반적으로 매우 고속으로 설계되어 있으며, 또한 장주기 진동이기 때문에 '차량 주행성' 검토에 거더의 진동을 고려할 필요는 없다. 그러나 최근에는 고장력 강재의 개발과 더불어 지간 200m를 초과하는 연속 박스 거더 형식의 고교각 교량이 건설되고 있다. 고교각 교량에서는 진동에 대한 검토와 대책이 필요한 경우가 있다. 예를 들면, 도시기능의 효율화를 꾀하기 위해 해안으로 교통 네트워크를 확대하고 있는데, 해안도로는 선박의 항로확보를 위해 고교각·장지간이기 때문에 바람이 강한 해변에서는 '교량진동'에 대한 검토가 필요하다.

교량 거더가 바람의 영향을 받아 진동하는 현상은 진동의 원인인 공기력 변동의 발생 메커니즘 차이에 따라 '와류진동', '거스트 응답=버페팅' 및 '발산진동=자려진동'의 3종류로 대별된다(117페이지 참조).

여기서 문제가 되는 것은 발현 풍속이 낮은(즉, 지간 200m급 교량에서 10~20m/sec 정도) 와류진동이다. 해변 고지대에서는 이 정도 풍속은 빈번하게 관찰되기 때문에 일정한 진폭에 대해서는 허용하는 설계를 하고 있다. 와류진동에서 문제가 되는 것은 ① 부재와 이음부의 피로문제, 사용한계 및 인체감각에 의한 불쾌감 등으로 결정되는 허용진폭의 설정, ② 발생진폭에 대한 예측정밀도 향상, ③ 제진 대책 등이다.

이렇게 일정 진폭을 허용하는 설계법에서는 그 '허용진폭의 설정방법'

이 중요한 과제가 된다. 허용진폭을 알게 되면 제진시스템을 취급하는 경우에 있어서 그 진동능력을 결정할 때 참고가 되기 때문이다.

차량의 주행안전성 측면에서 와류진동에 의한 교량진동의 허용진폭을 결정하는 경우에는 어떻게 결정하는 것일까. 바람만의 영향을 고려한 모델에 대하여, 교량의 '상하진동' 및 '횡진동'에 의한 '관성력'의 영향을 부여하여 검토한 결과로부터 대략 다음과 같은 점을 알게 되었다.

- 차량의 주행안전성에는 교량의 상하진동보다도 횡진동이 미치는 영향이 크다.
- 횡방향의 진동가속도를 50gal 가하게 되면, 경승용차 및 왜곤차량에서는 풍속으로 환산해서 5m/sec 정도, 소형트럭에서는 10~20m/sec 정도(안전성이 다소 나빠짐)가 주행안전성에 영향 미친다.
- 경승용차·왜곤차·소형트럭에 대해 차량속도로 환산하는 경우에 10~20km/h 정도의 영향이 주행안전성에 관여하게 된다.

바람만에 의한 차량 주행안전성 한계에 대해 상기 결과를 추가로 고려함으로써 교량의 진동영향을 가미한 사용한계가 구해진다. 지간 200m 교량의 1차 고유진동수는 0.5Hz 정도이기 때문에, 정현파와 같은 진동이라고 가정하면 1cm 진폭에 약 10gal의 가속도가 된다. 풍동실험에 의해 교량진동의 진폭을 알게 되면, 이러한 간단한 계산에 의해 한계치와의 비교가 가능하게 되어 각종 제진대책에 이용할 수 있다.

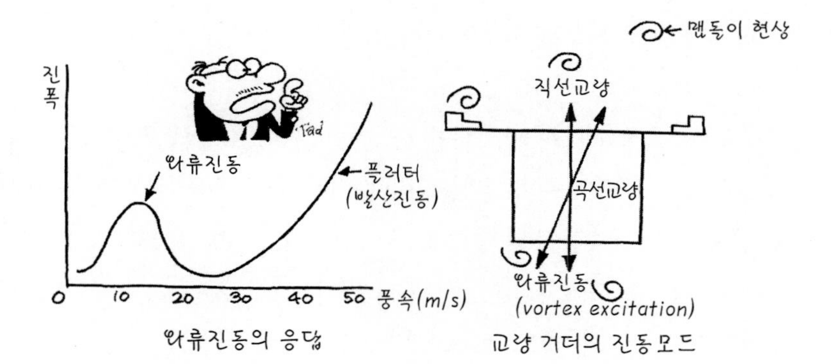

교량진동 평가의 단위를 알려주세요

도쿄 서부에 있는 '다마 뉴타운'은 1965년에 도시계획을 시작한 이래 녹지 주거환경속에서 우수한 주택을 공급하고 있다. 주변에는 도심으로부터 이전해온 많은 대학이 있으며, 수도권의 문화·교육을 중심으로 한 신도시가 형성되어 있다. 이 다마 뉴타운은 주민들의 생활기반 면보다도 차도의 위치를 낮게 설치하여 사람 중심의 생활을 중시하고 있으며, 이른바 '보·차도 분리'를 기본방침으로 하여 도시계획을 진행하여 왔다. 이로 인해 이 지역에서는 차량에 신경쓰지 않고 통근, 통학, 장보기, 산보 및 조깅 등이 가능하다. 도로로 분리되어 있는 인근 택지로 가기 위해서는 입체교차로인 '횡단 보도교'가 필요하기 때문에, 보행자 전용의 보도교가 많이 설치되어 있다. 보도교 건설을 위해서 설계경진대회가 실시되기도 하여 우수한 디자인의 보도교가 많이 등장하였다. 보도교를 단순히 기능만을 중시한 구조물로 취급하지 않고 경관성 및 랜드마크로서의 역할을 중시하고 있다.

보도교의 '설계하중'은 기껏해야 관리용의 차량이 통행할 수 있는 정도만 고려하면 되기 때문에 일반 교량에 비하여 그 규모가 작아도 된다. 이로 인해 경량의 교량이 되기 쉽고 또 쉽게 휘어지기 때문에 '교량진동'에 대하여 검토할 필요가 있다.

일반적으로 사람의 보행속도는 노면에 대해 약 2Hz(1초에 2회 반복)의 상하 진동을 부여하게 된다. 조깅 시에는 대략 3Hz의 진동이 된다. 이들 진동은 주로 불규칙하게 발생하지만 정렬된 수의 사람들이 서로 보조를 맞추기라도 한다면 보도교를 진동시킬 정도의 힘이 되기도 한다.

구조물에는 고유의 진동수로 흔들리는 성질이 있는데, 이 '고유진동수'와 유사한 진동이 입력되면 '공진현상'이라고 불리는 진동이 나타나 큰 흔들림이 발생하게 된다. 교량의 고유진동수는 특정한 경간장에서는 2~3Hz 정도가 되기 때문에 공진현상에 대한 대책이 필요하다.

진동에 대한 평가 단위로서는 진동가속도레벨(VAL, vibration acceleration level) 또는 VAL에 ISO(국제표준화기구)에서 채용하고 있는 인체감각으로 추가적으로 보정한 진동레벨(VL, vibration level)이 사용되고 있다.

진동측정 사례에 의하면, 보도교 위에 멈춰 서 있는 사람(정류자)의 경우가 보행하는 사람보다도 VL치로 13~15dB 정도 진동을 감지하기 쉽다고 한다. 또한 정류자가 조금 불쾌하게 느끼는 한계치는 VL 78dB 정도이다. 다만, 교량 무게가 어느 정도 무거워지면 그 고유진동수가 2~3Hz 부근이더라도 영향이 적어지게 된다.

한편 다마 뉴타운의 '나가이케 지구'에서는 도로 확폭을 위해 기존의 '구 요츠야미츠케 교량'을 다른 곳으로 이설하여 그대로 재시공하였는데,

현재에도 이 교량을 이용하면서 역사적·문화적 가치를 되새기고 있다(나가이케 미츠케 교량=구 요츠야미츠케 교량, 상로 2힌지 아치교). 이 역사적 가치가 높은 명물 교량은 1913년에 가설되었으며, '네오-바로크 양식'의 난간과 가로등이 특징적이다.

칼럼 9

★경관에 어울리는 교량의 색깔은?

색에는 각각 개성적인 성격이 있고 심리적인 영향도 크기 때문에 소홀히 할 수 없는 특징이 있다. 단순히 기분을 바꾸는 것만이 아니고, 능률을 올리거나 식욕을 높이기도 하는 색의 효과는 상상 이상으로 크다. 또 각각의 색 사이에는 좋은 조화를 보이기도 하고 그렇지 않은 경우도 있다.

예를 들면, 적색과 녹색의 조합은 조화(이 관계를 대비)한다.

적색은 적색끼리, 청색은 청색끼리 서로 조화(이 관계를 동등)하며, 적색과 주황색도 조화(이 관계를 유사)한다. 높은 산간부에 설치된 '붉은 색 교량'은 녹색을 배경으로 조화를 이루고 있다.

한때 런던에는 중후하고 위압감이 있는 '검은색 교량'이 건설된 적이 있는데, 자살 명소로서 유명하였다. 이 교량을 녹색으로 재도장하였더니 자살자가 극단적으로 감소하였다는 기록도 있다.

이렇듯이 구조물을 설치할 때에는 건설 지점의 배경에 따른 색의 효과를 고려하여 설정하게 된다. '트러스교'와 같은 남성적인 형태에서는 그 배경색에 대해 눈에 띄는 색(대비)을 이용하게 되며, '아치교'와 같은 여성적인 교량에서는 배경색에 스며들게 하는 색(동등 또는 유사)을 이용하여 눈에 두드러지지 않게 하는 경우도 있다.

최근에는 교량의 색을 결정하기 위해 컴퓨터 그래픽(CG)을 주로 이용하고 있다. 이 방법을 이용하게 되면 전원지대와 산간부와 같이 사계절에 따라 배경색이 변화하는 곳에서는 CG상에서 배경색을 바꾸는 검토(컬러 포토 시뮬레이션)가 가능해진다.

색이 주는 영향을 다음과 같이 정리할 수 있다.

- 적색 : 만족감·정렬·공포·활동적(시간 경과를 잊게 함)
- 청색 : 침착·청정·릴렉스(세계에서 가장 사랑받는 색)
- 황색 : 명랑·즐거움·일시적인 것에 사용됨(가장 눈에 띄는 색)
- 녹색 : 평화·화합·희망·안전(마음이 편안해짐)
- 흑색 : 엄숙함·공포·비애 ⇔ 고급감·신비적(위압감을 준다)
- 백색 : 순결·신성함·청순

재료 5

5 재 료

교량은 사용재료의 종류에 따라 강교, 콘크리트교 등으로 구분된다. 이들에는 서로 장점과 단점이 있는데, 양자의 장점을 살린 교량형식도 몇가지 제안되어 있다. 이러한 형식의 교량을 '복합구조교량'이라고 부르며, 강재 거더와 콘크리트 상판을 서로 조합한 '합성구조교량'과 강재 거더와 콘크리트 거더를 접합한 '혼합구조교량'으로 분류하고 있다.

여기서는 강재와 콘크리트의 재료특성에 대하여 간단히 설명한 후, 이들의 특징을 살린 구조형식에 대해서 알아본다.

교량에 사용되는 재료의 특징을 알려주세요

교량은 그 위를 통과하는 자동차, 열차, 사람 등을 지지함과 동시에 교량 자신의 무게와 교량에 작용하는 하중에도 견딜 필요가 있다. 또 교량의 사용기간(보통은 50~60년 정도) 중에는 대형트럭의 주행, 대지진,

강력한 태풍 등에 의한 영향을 예상할 수 있기 때문에 이들에 견딜 수 있는 구조물을 만들어야 한다.

이런 관점에서 보면, 교량에 사용되는 재료는 한정적이지만 지금까지는 나무, 석재, 구운 벽돌, 철(주철, 연철), 강, 철근 콘크리트, 알루미늄, FRP(fiber reinfored plastic, 섬유보강 플라스틱) 등이 사용되었다. 이들 재료는 힘을 받으면 변형하지만, 힘을 제거하게 되면 원래의 상태로 되돌아오는 성질이 있다. 이것을 재료의 '탄성(elasticity)'이라고 하고, 힘이 어느 한계를 넘어가게 되면 힘을 제거하더라도 원래의 상태로 돌아오지 않고 변형이 남게 되는 성질을 '소성(plasticity)'이라고 한다. 교량 설계는 기본적으로 이 탄성 범위 내에서 이루어진다.

재료의 성질을 조금 더 상세하게 설명하면 다음과 같다. 어느 재료에 힘을 작용하게 되는 경우에 재료 내부에 생기는 힘을 '단면력=내력'이라고 하고, 이것에 의해 재료는 변형을 일으키게 되며, 이 변형과 원래의 길이의 비를 '변형률(strain)'이라고 한다. 예를 들면, 직경 2cm의 강봉을 $P = 3,300\,\mathrm{kgf}$의 힘으로 당기면, 힘을 강봉 단면적으로 나눈 3,300kgf/(1cm×1cm×π)=1,051kfg/cm^{2}가 강봉에 작용하는 '응력, stress'이 되어, 원래 길이 2m에 대해 1mm 늘어나게 되어 0.1cm/200cm=5×10^{-4}의 변형률이 된다. 재료의 강도특성은 '응력~변형률관계, stress~strain curve'로 표현할 수 있다.

$$응력(\sigma) = 정수(E) \times 변형률(\epsilon)$$

이 되어, '응력이 탄성범위 내에 있으면, 응력과 그것에 의해 발생하는 변형률의 비는 일정하게 된다'는 것에 의해, 정수(E)는 '응력~변형률곡선'의 기울기로 나타내며 탄성계수라고 부른다. 이 관계식을 'Hook의 법칙'이라고 한다. 교량에 사용되는 재료는 기본적으로 탄성범위 내의 최대응력에 대하여 이용되고 있다.

응력을 발생시키는 단면력에는 인장력, 압축력, 휨 등 여러 가지가 있다. 다음 표에서는 나무의 강도를 기준으로 나무, 석재, 철·강의 개념적인 강도 비교를 정리하였다.

재료의 강도 비교(개념)와 단위체적중량(tf/m³)

	나무	석재	철·강
인장강도	1	0.3	13
압축강도	1	9	15
무게	1	2.6	7.8
무게에 대한 인장강도	1	0.1	1.7
단위체적중량	0.8	2.2~2.6	7.85

콘크리트와 강재는 서로 사이가 좋을까?

콘크리트의 특징으로는 가격이 저렴한 점, 내식성이 뛰어난 점, 내화성이 있는 점, 약 알칼리성인 점, 비교적 압축강도가 높은 점 등을 들 수 있다. 이에 비해 단점으로는 강도가 강재에 비하여 낮은 점(특히 인장강도가 낮다), 그렇기 때문에 단면이 커지면 결과적으로 중량이 강재를 사용한 경우보다도 무거워지는 점 등이 있다.

한편 강재의 특징으로는 인장파단에 대한 강도가 콘크리트에 비해 100배 정도 높기 때문에(고강도), 강재 그 자체의 '단위체적중량'은 콘크리트보다도 3배 정도 무겁지만 구조 전체로서는 경량인 점, '탄성계수'가 10배 정도 높은 점(고강성), 탄성한계를 초과한 이후부터 파단에 이르기까지의 신장량이 크기 때문에 인성이 높은 점(고인성) 등을 들 수 있다. 압축강도도 높지만 이는 좌굴하지 않는 구조라는 조건이 달려있다. 약점으로는 고가인 점, 내식성·내화성이 약한 점 등이다.

그러면 콘크리트와 강재가 콤비를 이루고 있는 '철근 콘크리트(reinforced concrete)'를 생각해보자. 서로 간의 성질로 인해 콘크리트와 철근의 접촉면에서는 부착성이 좋은 점, 열에 의한 콘크리트와 철근의 '선팽창계수'가 상온에 있어서 각각 10×10^{-6} / °C 정도와 12×10^{-6} / °C 정도로서 거의 비슷하기 때문에 온도변화에 의한 2차적인 응력의 영향이 적은 점 등의 특징을 들 수 있으며, 이는 매우 좋은 장점에 해당한다.

그뿐 아니라 콘크리트는 약 알칼리성이기 때문에 그 속에 철근을 매립하게 되면 부식되기 어려워져 내구성이 우수해지는 점, 철근 주위가 구속되어 있어 좌굴되기 어려운 점, 철근의 압축강도도 함께 기대할 수 있는 점 등 좋은 점 일색이다. 더군다나 인장응력이 발생하는 부분에 철근을 배치하게 되면 강도가 높아지고 또한 콘크리트의 균열발생을 억제할 수 있다. 거대한 지진 등에 의해 큰 힘이 작용하여 변형이 커지더라도 철근과 콘크리트가 서로 서로의 장점을 발휘하여 충분한 저항성을 나타낸다.

이렇듯이 상대의 약점을 끌어안고 서로의 장점을 살려주는 철근 콘크리트는 그야말로 명콤비라고 할 수 있다. 콘크리트와 철골을 조합한 것을 '합성구조', 콘크리트 구조와 강구조를 조합한 것은 '복합구조'라고도 하는데, 이들 역시 콘크리트와 강재의 특징을 살린 구조형식이라 할 수 있다.

강교의 부재는 모두가 동일한 재질일까?

교량 재료로서 처음으로 강재가 사용된 것은 1779년 영국에 가설된 주철제의 'Iron Bridge'라고 알려져 있다. 철의 단위체적중량은 물의 약 7.85배이며, 당시까지 건설재료로 주로 사용된 석재 및 구운 벽돌에 비해 3~4배 무거운 재료이다. 그러나 철은 강도가 높기 때문에 교량 전체를 놓고 보면 석재 등에 비해 소량을 사용하더라도 충분하기 때문에 석교에 비해 경쾌한 느낌이 든다. 또한 융점이 낮은 주철인 경우에는 주조가 용이하기 때문에, 디자인에 곡선을 넣어 독특하고 자유로운 외형을 추구할 수 있다.

그러나 영국의 Tay Bridge(고교각의 하로 트러스교, 상부공은 연철제)는 열차 주행 중에 낙교사고(1879년)가 발생하였는데, 그 원인 가운데 하나로 주철제 교각이 지적되었다. 주철은 그 부재 내부에 제조과정 시에 발생하는 기공에 의한 블로우홀(blow hole) 등의 결함이 생성되기 쉬운 품질상의 문제점이 있다.

철은 탄소와의 합금으로 볼 수 있는데 탄소의 함유량에 따라 강도와 연성이 변화한다. 탄소의 함유량이 많은 순서로부터 선철, 주철(2~4% 정도), 강철(0.035~1.7%인 것과 0.1% 전후인 것이 있음) 및 연철(0.1% 정도)이 된다. 한편 현재 일반적으로 사용되는 구조용 강재는 0.2% 정도의 탄소를 포함하고 있다. 따라서 강철은 선철로부터 탄소를 제거함으로써 얻어진다. 용융된 선철(4% 정도)에 산소를 공급함으로써 탄소를 일산화탄소로 탈탄(脫炭)하는 방법 즉, 전로법을 고안한 것은 헨리 베세머(영국, 1856년)이며, 이로 인해 강재의 대량생산 시대가 막을 열게 되었다. 그 후 피에르 마르탱(프랑스, 1864년)에 의해 평로법이 고안되었으며, 전로법과 함께 근대 용강법의 쌍벽을 이루었다.

강재는 아주 오래전부터 경험적으로 만들어져 왔다. 도검류는 담금질을 반복하여 그 강인성을 증대시키는데, 철강의 이러한 특이한 현상은 19세기 후반이 되어서야 과학적인 분석이 시도되었다. 먼저 철강에 포함된 불순물, 특히 인과 유황을 제거하는 연구가 수행되었고 이어서 합금강으로 연구가 흘러갔다. 이로 인해 녹슬기 어려우면서도 강한 스테인레스강 및 니켈강, 경도는 있으나 자성이 높지 않은(저자성의) 망간강 등의 합금이 탄생하게 되었다.

주요 구조부에 강재를 이용한 교량을 강교라고 한다. 일본에서 사용되는 구조용 강재로는 일반구조용 압연강재인 SS재, 용접구조용 압연강재인 SM재, 용접구조용이지만 내후성이 있는 열간압연 강재인 SMA재의 3종류가 있다. 또한 특수 강재로서 열처리(담금질을 반복한 것)를 실시한 고장력 성질을 가지고 있는 조질강(調質鋼)이라고 불리는 것도 있다.

교량 소재로 사용되는 이들 강재는 가설지점의 주위 환경과 경제성, 시공성, 안전성 등을 고려하여 선정되며 하나의 교량 내부에서도 다양한 강종이 각각 적절한 장소에 사용된다.

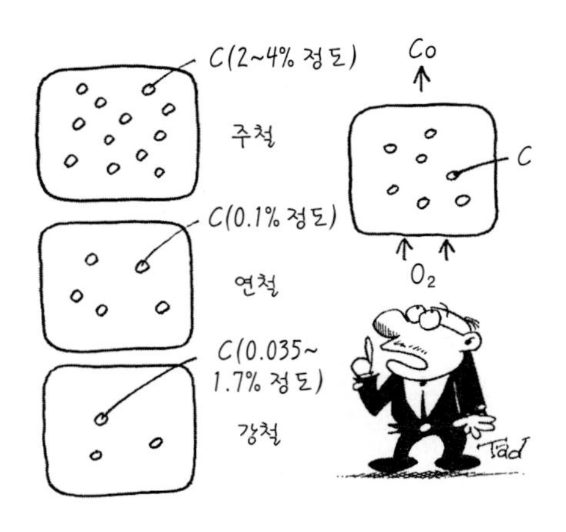

교량 안전성에 도움을 주는 부드러운 강재란?

내륙 직하부에서 발생한 고베대지진은 대륙판과 해양판이 직접 부딪치는 해구에서 발생한 지진과는 다소 차이가 있는데, 상하방향의 충격에 의한 지진파가 전파된 것이 아닌가 하는 보고가 있다. 한편 고베대지진 시에 진도 7의 진동을 직접 체험한 어느 대학교 교수(진동공학 전공)가 제시한 흥미 있는 보고서가 있다. 자신을 대형지진대 위에 올려놓고 지진 시에 체험한 진동을 최대한 재현하였을 때의 진동파와 고베해양기상대에서 취득한 가속도 기록파를 서로 비교한 결과, 실제로는 남북방향 진동과 상하방향 진동이 매우 심하게 느껴졌다는 것이다.

상하방향의 심한 지진파의 유무에 관계없이 고베대지진 규모에 해당하는 심한 진동을 받게 되면 교량 거더는 반복적으로 심하게 흔들리게 되어, 결과적으로 아주 큰 하중이 작용하게 되는 경우가 있다. 거더와 교대 또는 거더와 거더를 서로 연결하고 있는 내진장치도 이러한 큰 하중을 직접 받게 된다.

그런데 이러한 충격력과 진동을 흡수하여 감쇠시키는 기능을 가지고 있는 장치로 댐퍼(damper)가 있다(111페이지 참조). 댐퍼에는 유체의 점성저항을 이용한 것과 고체의 마찰을 이용한 것, 재료가 가지는 소성변형의 반복에 의한 에너지 흡수를 이용한 것(이력감쇠, hysteresis damper) 등이 있다. 금속재료에도 이력감쇠 특성이 있으며, 이를 이용하여 내진장치 등에 작용하는 충격 하중을 경감시킬 수 있다.

강재에는 탄소 함유량에 따라 연한 특성을 가진 '연강'과 강한 특성을 가진 '경강'이라고 불리는 것이 있다.

철도 레일에는 내마모성을 고려하여 경강이 이용되고 있으며, 철근에는 가공성을 고려하여 극연강이 사용된다. 또한 극연강 또는 저항복점강은 이력감쇠 성능이 우수하여 내진장치 등에 이용되어 충격을 경감시키거나 면진시스템 중에서 댐퍼로 이용되기도 한다. 이들은 비교적 낮은 하중에 대해서 소성변형이 크고 늘어나는 특성이 우수하며 가공성도 일반 강재와 거의 동일하다.

최근에는 내진댐퍼로서 '형상기억합금'을 이용하는 예가 있다. 형상기억합금에서는 큰 변형이 다시 원래의 상태로 회복되기 때문에 이 성질을 이용하여 에너지를 흡수시키고 있다. 댐핑 특성을 가지는 형상기억합금으로는 동과 아연의 합금, 망간과 동의 합금에 알루미늄을 첨가한 것, 니켈과 티타늄의 합금 등이 있다.

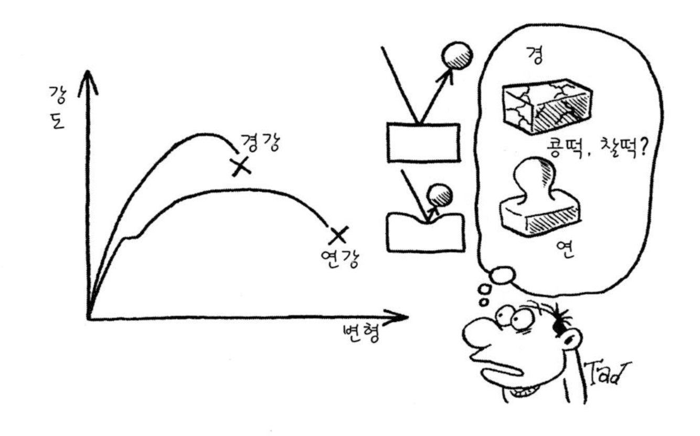

강교, 콘크리트교의 이점은 무엇인가?

주요 구조부에 강재를 사용한 교량을 강교(steel bridge)라고 부르며, 주철과 연철 등을 사용한 과거의 교량을 철교라고 구분하는 경우도 있다. 이에 비하여 철근 콘크리트(reinforced concrete)를 사용한 교량을 철근 콘크리트교 또는 영어의 이니셜을 이용하여 RC교라고도 하고, 철근을 생략하고 단순히 콘크리트교라고도 부른다.

콘크리트교에는 PC교라고 불리는 것도 있는데, 철근 콘크리트교와 이 PC교를 포함하여 함께 콘크리트교라고 부르기도 한다. PC라고 하는 것은 프리스트레스트 콘크리트(prestressed concrete)를 줄여서 말하는 것으로서, 고장력 강선 또는 강봉을 사용하여 RC 구조부재 또는 RC 구조를 힘껏 죄어줌으로써 사전에 압축응력을 부여하여 인장력에 약한 콘크리트에 인장응력이 발생하는 것을 최대한 억제하여 내력향상 및 균열

예방, 수밀성 향상 등을 꾀하는 것을 말한다. PC 공법의 출현으로 콘크리트 교량은 비약적으로 발전하게 되었다.

먼저, 강교의 이점을 콘크리트교와 비교하여 살펴보면 다음과 같다. 강재의 특성은 콘크리트에 비하여 ① 압괴 및 인장파단에 대한 강도가 10~100배 정도 높은 점(고강도), ② 탄성계수도 10배 정도 높은 점(고강성), ③ 탄성한계를 초과하여 파단에 이르기까지의 신장률이 크기 때문에 인성이 높은 점(고인성) 등을 지적할 수 있다.

강재 그 자체의 단위체적중량은 철근 콘크리트보다도 3배 정도 무겁지만 강도가 매우 높기 때문에 재료를 적게 사용할 수 있다. 따라서 강교는 콘크리트교에 비하여 경량이 된다. 그렇기 때문에 경간이 긴 대부분의 교량에서는 주요 구조부재에 강재가 사용되고 있다. 중앙 경간이 1,000m를 초과하는 장대 현수교에서는 주케이블, 주탑, 보강 거더 등의 주요 구조부재 대부분이 강재이다.

강재의 고강도 특성을 이용한 교량으로는 좁은 공간을 조금이라도 유효하게 이용하기 위한 도시부의 고가교 등이 있다. 또한 강재는 절단가공 및 용접 등의 정밀작업에 의해 복잡한 구조에도 대응할 수 있기 때문에 곡률반경이 작은 곡선 교량에서도 강교가 많이 적용된다.

강교는 일반적으로 공장에서 부재 및 블록이 제작되며, 현장 근처의 제작장 등에서 조립을 실시하는 등 분할 및 조립화 작업이 가능하기 때문에 품질에 대한 신뢰성이 높고 시공시간을 단축(고속시공)하는 것이 가능하다. 최근에는 공기단축을 위하여 대형 크레인 차량 및 해상 크레인을 이용하여 교량 거더 전체를 한꺼번에 들어 올려 가설하는 일괄가설 공법이 자주 이용되고 있다.

콘크리트교의 특징은 일반적으로 강교에 비해 저렴한 점, 내식성이 우수한 점, 내화성이 있는 점, 처짐량이 적은 점, 진동문제가 발생하기 어려운 점 등을 들 수 있다.

합성구조교량이란 무엇인가?

강재 교량으로 할 것인지, 콘크리트 교량으로 할 것인지를 선택하는 경우에는 노선의 선형조건, 가설지점에서의 자연적 조건(지형·지질·기상 등의 조건), 시공성, 경제성, 유지관리방법, 경관 등의 조건에 따라 종합적으로 판단한다. 그러나 양자의 장점을 살린 교량 형식도 많이 제안되어 있다.

강교와 콘크리트교의 장점을 살린 교량 형식을 '복합구조교량'이라고 하는데, 이에는 강재와 콘크리트를 함께 사용한 '합성구조교량'과 강재 거더와 콘크리트 거더를 접합시킨 '혼합구조교량'으로 분류하기도 한다.

교량 거더에는 여러 가지 하중이 작용하는데, 그중에서는 중력방향의 하중인 고정하중(dead load, 자중)과 활하중(live load, 통행 차량에 의한 하중)이 있다. 이들 하중은 지점으로부터의 거리에 비례하는 크기로 거더를 휘게 하는 힘(휨모멘트)을 만들어낸다. 이 휨모멘트에 의해 교량 거더의 횡단면에서는 중앙부근으로부터 상방에는 압축응력이, 하방에는 인장응력이 각각 직선적으로 증가하여 단부에서 최대가 되는 형상으로 발생하게 된다.

이런 점에서 교량 거더 단면을 인장력에 강한 강재 거더와 그 위에 압축력에 강한 콘크리트 상판으로 구성하여, 양자가 서로 미끄러지지 않도록 연결시킴으로써 일체화하는 것이 가능하다. 강재와 콘크리트의 장점을 살린 이러한 교량을 '합성거더교량'이라고 하며, 거더에 사용된 강재의 총중량을 줄인 경제적인 교량이 된다. 이 '합성거더교량'은 '합성구조교량'의 일종으로서, 그 외에도 SRC거더교(강재 거더를 콘크리트에 매립한 것), 프리플렉스빔 합성거더교(강재 거더와 콘크리트를 합성하여, 프리스트레스를 도입한 것), 합성강관거더교(강관에 콘크리트를 충전한 것), 합성아치교(아치리브에 합성구조를 이용한 것) 등이 있다. 최근에는 RC교의 철근 대신에 콘크리트를 충전한 강관을 사용한 '합성교'에 대해서도 검토되고 있다.

고베대지진 이후에 도로교의 내진보강공사 시에 RC교각에 대해 강판을 두르는 보강사례가 많았는데, 이것도 역시 합성구조의 일종이다. 이러한 보강에 의해 구조물의 인성(파괴가 발생하기까지의 저항능력)이 높아지고 내진성이 증가된다.

'혼합구조교량'이란 경량의 강재 거더와 무거운 콘크리트 거더를 서로 접합시킴으로써, 교량 전체의 경제성과 시공성 등을 향상시킨 교량이다. 예를 들면, 3경간 연속 거더교에서 측경간이 중앙 경간에 비해 연장이 짧은 경우에는 휨모멘트의 균형이 불리하게 되어 단부의 지점 부근에는 언제나 부(-)의 휨모멘트가 발생하게 된다. 이런 점에서 중앙 경간에는 경량인 강재 거더를 이용하고 측경간에는 무거운 콘크리트 거더를 이용(혼합구조로 함)함으로써 휨모멘트의 균형성을 높이는 것이 가능하다.

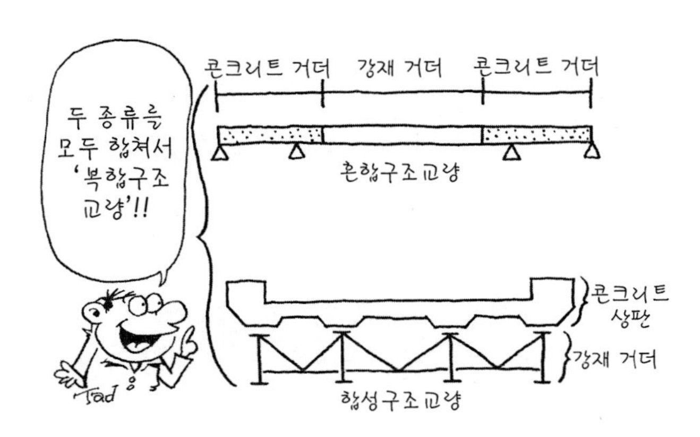

구조재료의 변형률속도 효과란 무엇인가?

교량의 충격 하중에는 상시적으로 발생하는 것과 우발적으로 발생하는 것 등이 있다. 상시적인 충격하중은 차량이나 열차 주행 시에 발생하는 것으로서 동적 처짐을 유발한다. 우발적으로 발생하는 충격하중으로는 난간에의 차량 충돌, 상판으로의 중량물 낙하, 교량 기초부로의 선박 충돌, 차음벽에 대한 중량물 충돌, 지진 시의 충격문제(낙교 방지장치, 노크오프 장치) 등이 있다.

충격문제에 있어서 중요한 물리량의 하나로는 $\dot{\epsilon} = \frac{d\epsilon}{dt}$ 로 정의되는 변형률속도(strain rate)가 있다. 이것은 변형률의 시간적인 변화 정도를 나타낸 것인데, 변형의 진행속도를 나타내는 것은 아니다. 변형률은 무차원이기 때문에 시간의 역수(1/sec, sec^{-1}, s^{-1})로 단위를 나타낸다. 예를 들면, 길이 l =20cm인 강봉에 일정속도 v =100cm / sec로 인장하중이 작용하는 경우의 변형률속도는, 신장량 $\Delta l = v\Delta t$ 이므로 다음과 같다.

$$\dot{\epsilon} = \frac{\Delta\epsilon}{\Delta t} = \frac{\frac{\Delta l}{l_0}}{\Delta t} = \frac{v\Delta t}{\Delta t l_0} = \frac{v}{l_0} = \frac{100}{20} = 5(\mathrm{sec}^{-1})$$

그러나 일반적으로 부재는 여러 가지 형상을 하고 있기 때문에 변형률속도는 부재 내에서 일정하지 않고 장소에 따라 다르게 된다.

또한 변형률속도에는 시간적 변화가 있기 때문에 평균 변형률속도(재하 초기부터 파괴 또는 최대 응력에 도달하기까지의 평균 변형률속도)로 표시하는 경우가 있다. 변형률속도에 의해 재료특성이 달라지지만, 변형률속도가 매우 빨라지게 되면 온도의 영향을 강하게 받게 된다.

변형률속도가 1 sec^{-1} 정도 이상이 되면 그 효과는 점차적으로 나타나게 된다. 변형률속도가 빠른 경우에는 재료의 항복점 및 강도가 상승하게 되는데, 충격파(shock wave)의 전파로 인해 문제가 발생할 수 있는 초고속의 경우에 있어서, 금속재료는 항복점 및 강도가 각각 2배 정도, 콘크리트는 압축강도가 수배 정도까지 상승하기도 한다. 이러한 관점에서 변형률속도 효과를 고려하지 않은 통상적인 설계를 실시한 경우에는 대부분 안전 측 설계가 된다. 다만 충격재하와 정적재하에서는 파괴모드가 달라지는 것도 있어서 이 점에 대해 주의하지 않으면 안 된다.

재료의 변형률속도 효과와 관련된 자료가 최근에 점차적으로 증가하고 있기는 하지만 각각의 재료에 대해 특수한 실험을 반복적으로 수행하지 않으면 안 되기 때문에 아직은 상당 부분에서 부족한 실정이다.

토목구조물에서의 충격문제는 변형률속도가 거의 1~100(sec^{-1}) 정도에 해당한다. 이보다 더 높은 변형률속도 문제의 응용 예로는 폭발력에 의한 강판 용접 및 절단, 성형, 금속표면 경화처리, 콘크리트 구조물의 해체, 지질(자원)탐사, 석유 시추정 굴착, 암반파괴에 의한 기초공사 등이 있다. 그리고 구조물의 건전도 시험에 충격 진동시험이 이용되는 사례도 있으며, 향후에는 이들의 시공실적 및 연구성과가 점차 설계에 피드백되어 반영될 것으로 전망된다.

칼럼 10

★자연의 신비 ① 연리지(連理枝)

연리라는 것은 뿌리가 서로 다른 나뭇가지가 서로 엉켜 한 나무처럼 자라는 매우 희귀한 현상을 말하며, 남녀 사이 혹은 부부애가 돈독한 것을 비유하며, 예전에는 효성이 지극한 부모와 자식을 비유하기도 하였다.
경상북도 청도군 운문면에 소나무 연리지가 유명하며, 충청북도 괴산군 청천면 송면리의 소나무도 연리지로 알려져 있다. 충청남도 보령시 오천면 외연도에는 동백나무 연리지가 있으며 마을사람들에게 사랑을 상징하는 나무로 보호받고 있다. 후한서(後漢書) 채옹전(蔡邕傳)에는 다음과 같은 이야기가 전해 오고 있다. 후한 말의 문인인 채옹(蔡邕)은 효성이 지극하기로 소문이 나 있었다. 채옹은 어머니가 병으로 자리에 눕자 삼 년 동안 옷을 벗지 못하고 간호해드렸다. 마지막에 병세가 악화되자 백 일 동안이나 잠자리에 들지 않고 보살피다가 돌아가시자 무덤 곁에 초막을 짓고 시묘(侍墓)살이를 하였다고 한다. 그 후 채옹의 방 앞에 두 그루의 싹이 나더니 점점 자라서 가지가 서로 붙어 성장하여 마침내 한그루처럼 되었다. 사람들은 이를 두고 채옹의 효성이 지극하여 부모와 자식이 한 몸이 된 것이라고 말했다.
특히 H형상의 연리지는 역학적으로도 매우 안정된 라멘구조(Rahmen : 독일어로 틀)를 이루고 있어, 강풍에도 충분히 견뎌내는 이상적인 형태를 유지하고 있다.

★자연의 신비 ② 식물의 감성

우리 인간을 비롯하여 많은 동물은 기쁨 · 슬픔 등의 감정을 가지고 있으며 이러한 느낌을 전달할 수 있는 능력이 있다. 그런데 식물에도 이와 비슷하게 또는 인간보다도 우수한 의지전달능력이 있는 것이 최근 알려지고 있다.
라이얼 왓슨(Lyall Watson)은 그의 저서 『초자연, 자연의 수수께끼를 푸는 열쇠』에서 다음과 같은 내용을 소개하고 있다.

거짓말 탐지기로 사용되는 폴리그래프(polygraph)라는 기계가 있는데, 사람의 피부에 나타나는 전기전도율의 미소한 변화를 검출하여 거짓말한 사람의 정서적 변화에 의해 발생하는 미세한 전기적 변화를 기록하여 그 파형의 패턴으로부터 거짓말을 판정하게 된다.

1966년, 전 CIA의 클리브 백스터(Cleve Backster) 박사는 폴리그래프를 이용하여 드라세나라고 하는 관엽식물의 반응을 관찰하였다. 그는 드라세나가 들어 있는 화분을 방안에 들고 들어가서 물을 주었는데 어떠한 변화도 나타나지 않았다. 잎을 뜨거운 커피에 적셔도 아무런 반응이 없었다. 그런데 성냥으로 잎을 태워버릴까 하고 생각을 하였다. 바로 그때, 폴리그래프에서 급격한 파형이 나타나 높은 값을 한참동안 나타내는 것이었다. 자신은 어떠한 행동도 하지 않고 다만 생각만 한 것이었으나, 위해를 가하려는 것을 알아차린 것이다.

잠시 시간이 지난 후에 이번에는 잎을 태워버리는 시늉을 했는데 이때는 전혀 반응이 없었다. 이러한 결과를 통해, 그는 식물이 사람의 생각을 읽어내기도 하고 심지어는 실제 마음까지도 알아차릴 수 있는 것으로 생각하였다.

그러고 나서 다시 아무런 경험도 하지 않은 보통의 화분에 대하여 한 사람은 계속해서 학대를 하고 또 다른 한 명은 학대를 말리면서 식물을 부드럽게 위로해주는 일을 반복하였다. 괴롭히는 역할을 하는 사람이 실험실로 들어오면 폴리그래프는 동요되는 값이 나타내었으나, 위로하는 역할을 하는 사람이 들어오는 경우에는 반응이 사라져 릴렉스되는 것으로 나타났다.

그뿐 아니라 왓슨은 식물의 자위수단에 대해서도 논하고 있다. 잎을 먹어치우는 미국흰불나방과 같은 해충에 습격당한 나무들은 벌레가 싫어하는 물질(테르펜)을 분비하여 스스로를 지키며, 멀리 떨어져 있는 동료 나무에게도 해충의 공격에 준비하도록 신호를 보낸다는 것이다.

식물은 슬픔과 위험으로부터 도망칠 방법이 없다. 그러나 고등동물처럼 의지를 가지고 있으며 기억을 전달하는 커뮤니케이션 능력을 가지고 있는 듯하다.

인간도 동물·식물들과 마찬가지로 어떤 의미에서는 동등한 '지구상의 생물'이라고 할 수 있지 않을까. 우리들은 우리 인간을 위한 경제우선주의적 관점에서 벗어나지 않는 한 지구상의 다른 생물로부터 언젠가는 버림받게 될지도 모른다.

칼럼 11

★일본 3대 절경인 아마노하시다테(천국으로 가는 다리)

일본 동북부 미야기현의 마쯔시마, 남서부 히로시마현의 미야지마와 함께 일본의 3대 관광지로 알려진 교토부(府)의 아카마츠에 있는 '아마노하시다테'는 연장 3.6km, 폭 20~170m의 모래해안(사주, 해안에서 바다로 길게 뻗어나간 모래가 자라서 반대편 육지까지 연결된 모래지역)이다. 이곳에는 약 7,000그루의 소나무가 숲을 이루고 있는데, 카사마츠 공원 전망대에서 거꾸로 바라보면 마치 하늘에 다리가 놓인 느낌이다.

순수 일본어로 교량을 '하시'라고 하는데, 이는 물건의 단부를 가리키기는 말이기도 하지만, 물건과 물건을 연결하는 의미로도 사용된다. 한자가 들어오게 되면서 횡방향으로 설치하여 넘어가도록 하는 것은 '교(橋)', 상하를 연결하는 것은 '단(段)'이 각각 사용되었다. 이러한 점으로부터 고대 사람들은 자연 지형 속에서 하늘과 땅을 서로 연결하는 교량을 상상한 것으로 여겨진다.

일본에서도 소나무 선충에 의해 소나무가 고사되는 피해가 많이 보고되고 있는데, 다행스럽게도 이 지역에서는 피해가 보고되지 않고 있다. 이는 병충해의 조기 발견, 고사된 나무의 신속한 채벌 처리 이외에도 소나무로의 전염방지 및 토양개량 등의 유지관리를 실시한 덕분이다. 한편 해안선 침식을 방지하기 위하여 돌출형 제방을 설치하였으며, 상류 측에 모래를 인공적으로 뿌려서 파도의 자연적인 흐름을 이용하여 모래사장을 유지시키는 샌드 바이패스공법을 실시하고 있다.

아마노하시다테의 끝부분에는 길이 약 37m의 소천교(小天橋, 쇼텐교)가 있는데, 배가 통과할 때에는 교량 중앙부가 회전하면서 배를 통행시키는 선회교로 시공되어 있다.

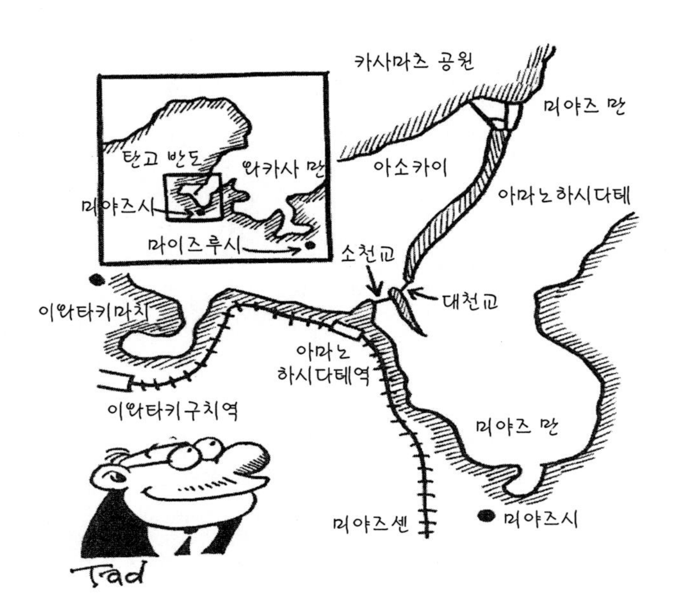

카사마즈 공원
미야즈 만
탄고 반도
와카사 만
미야즈시
마이즈루시
아소카이
아마노하시다테
소천교
대천교
이와타키마치
아마노
하시다테역
이와타키구치역
미야즈 만
미야즈센
미야즈시
Tad

부속시설 6

6 부속시설

교량은 자동차, 선박, 부유물 등의 충돌에 의해 충격하중을 받게 된다. 이런 하중이 작용하는 빈도는 높지 않으나, 일단 발생하게 되면 교량에 심각한 영향을 미칠 수도 있다. 이때 발생하는 피해를 방지하기 위해서 방호시설 및 완충시설이 설치된다.

한편 내진성을 높이기 위해서는 거더~거더, 거더~교대 등을 서로 연결하는 내진보강장치 등을 설치하기도 한다. 본 장에서는 일반적으로는 잘 볼 수 없는 곳에 설치된 부속시설 등에 대해서 살펴본다.

철도교 선로에는 레일이 4본 설치되어 있는데, 그 이유는?

철도 궤도에는 일반적으로 2본의 레일이 설치되어 있는데, 철도교 위에 설치된 궤도에는 2본의 본선 레일 이외에도 이와 닮은 것이 추가로 더 설치되어 있는 것을 본 적이 있을 것이다. 열차를 타는 기회가 있거든 열차의 제일 앞 칸이나 뒤 칸에 타고서 철도교 위의 궤도가 어떻게 되어 있는지 확인해보기 바란다. 이렇게 설치한 것을 '교상 가드레일'이라고 부르는데, 탈선이 발생한 후의 안전성을 고려하는 것과 탈선이 발생하기 전에 방지하기 위한 것 등이 있다.

먼저 궤도에 설치된 가드레일의 목적은 레일의 편마모 방지, 탈선 방지, 중대사고 방지, 차륜의 플랜지웨이 폭의 폐색방지, 타 선로로의 진입방지 등이 있다. 이들 각각의 목적별로 마모방지레일, 탈선방지레일, 교상 가드레일, 건널목 가드레일, 분기 가드레일이 각각 설치된다.

마모방지레일은 궤도의 급곡선부 바깥 측 궤도레일의 마모를 방지하기 위해서 내측 궤도레일의 안쪽 부분에 설치한 것인데, 주행레일과의 간격은 바깥 궤도 측의 차륜 플랜지가 레일의 측면 두부에 강하게 접촉하지 않는 폭으로 설정되어 있다. 탈선방지레일도 마찬가지로 궤도의 급곡선부(반경 250m 미만) 등에 설치된 것으로서, 곡선의 외측 또는 내측으로의 탈선방지를 위해 양쪽 레일의 내측에 설치되어 있다. 본선 레일과 탈선방지 레일의 간격은 약 85mm로 되어 있다. 건널목 가드레일과 분기가드레일은 실제로 많이 보게 되는데, 탈선방지 및 차륜의 안내 목적으로 이용된다.

교상 가드레일은 탈선한 차량이 궤도로부터 크게 이탈하여 선로 아래로 전락 또는 전복되지 않도록 유도하기 위해 설치하는 것이다. 즉, 탈선하지 않은 반대 측 차륜을 본선레일과 교상 가드레일과의 사이에 있도록 유도하는 것이 목적이다. 이 본선레일과 교상 가드레일과의 간격은 일반적으로 180mm로 되어 있으나, 궤도 내부에 설치된 것과 궤도의 바깥에 설치된 것의 2종류가 있다.

한편 교량 위에 설치되어 있는 탈선방지가드도 있다. 이 탈선방지가드는 교량 위 열차의 탈선을 적극적으로 방지할 목적으로 설치하는 것이며, 궤간 내부의 본선레일에 근접하여(간격은 약 85mm, 이 간격을 플랜지웨이 폭이라 한다) 양측에 설치된 레일 또는 동일한 기능을 가지는 시설이다.

탈선방지가드의 구체적인 메커니즘은 다음과 같다. 차륜이 레일 위로 올라갈 때에, 예를 들어 플랜지웨이 폭에 10mm 정도의 넓이가 있더라도, 반대 측의 차륜 플랜지가 탈선방지가드에 걸리거나, 그 이상의 횡방향 이동이 발생하지 못하도록 저지하게 된다. 세토대교에서는 앵글형 강재를 사용한 형식의 탈선방지가드가 사용되고 있다.

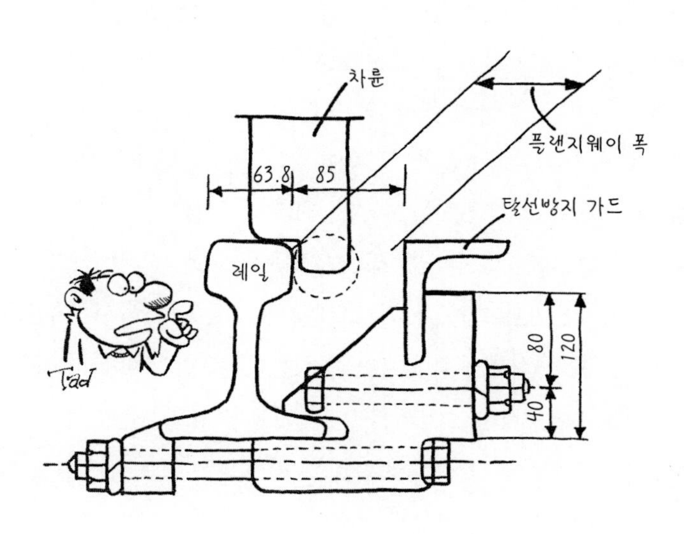

교량의 방호책이란 무엇인가?

교량 상판의 측면부에 설치된 손잡이를 난간(hand rail)이라고 한다. 최근에는 뛰어난 디자인 및 다양한 기능이 부여된 난간을 자주 발견하게 된다. 단순히 수직으로 세운 패널 형상만이 아니라 부풀어 오른 듯한 형상의 곡선을 적절하게 가미한 난간도 있다. 그뿐 아니라 그 지방문화를 모티브로 한 예술작품을 새겨 넣은 주철제 패널로 만든 난간도 있으며, 심지어 수많은 방울이 달려있는 난간도 있다. 난간은 사람과 교량이 가장 가까워질 수 있는 장소이기 때문에 적용한 디자인 및 기법에 따라 교량에 대한 인상이 크게 바뀔 가능성이 있다.

구조적 측면에서 살펴보면 도로교에서 난간은 교량용 방호책의 하나로 분류되며, 보도 등의 노면으로부터 110cm의 높이를 표준으로 하고 또 그 꼭대기 부분에서 250kgf/m의 선하중을 교축 직각방향에 작용시켜 설계하고 있다. 보도가 설치된 교량에서는 자동차의 시선유도 목적 및 자동차가 보도부나 교면 이외로 이탈하는 것을 방지할 목적으로 연석 또는 가드레일을 설치한다. 이러한 이유 때문인지 현재는 난간 설계 시에 자동차의 충격하중을 고려하지는 않고 있다.

그러나 대형버스가 운전실수로 인해 가드레일에 부딪혀 연석을 파괴한 후 난간에 충돌하여 결국 강으로 전락한 사례도 있다. 이렇듯이 난간에는 도로주변의 환경과 중요도에 따라 충격력 등을 고려한 설계를 수행할 필요가 있다는 의견도 있다. 과선교(철도선로를 가로질러 건너갈 수 있도록 만들어진 교량) 및 과도교, 고가교 등에서는 낙하에 의한 2차적 재해가 발생할 위험성이 있기 때문에 더욱 주의하지 않으면 안 된다.

난간에 대한 충격하중에 대해서는 현재도 실험 및 이론적인 연구가 계속되고 있으며, 현재까지 알려진 내용을 요약하면 다음과 같다.

- 차량의 충돌속도는 주행속도의 약 80% 정도이다.
- 난간, 가드레일 또는 분리대에 대한 차량충돌 각도는 일반적으로 15° 정도 이하이며, 40°를 넘어설 가능성은 거의 없다.
- 충돌각도가 큰 경우에는 난간 충돌면에 대한 충격력은 커지지만, 그 외에도 충돌 후 차량의 방향전환에 의한 충격력이 더해져서 충격력의 후반에 급격한 피크가 보인다.

한편 난간을 너무 강하게 만들게 되면 차량으로의 충격이 커지게 되어 탑승객의 부상 가능성이 높아지며 교량 본체가 파손하는 위험성도 있기 때문에 이러한 영향들을 적절히 고려한 설계가 필요하다.

낙교방지장치라는 것은 무엇인가?

1995년 1월 17일에 발생한 고베대지진에서는 도시부의 고가교 등 교량 구조물에 심각한 피해가 발생하여 교통 시스템에 큰 영향을 미쳤다. 고베대지진이 발생하기 정확히 1년 전에 미국 캘리포니아 주 노스릿지(Northridge)에서 발생한 지진에서도 고속도로의 낙교 및 붕괴가 발생하였는데, 그때만 하더라도 내진기술의 선진국을 자부하던 일본에서는 이러한 지진재해가 발생할 것이라고는 생각지도 않았었다.

일본에서는 니이가타 지진(1964년 6월 16일) 시 쇼와대교의 낙교사고를 교훈 삼아 교량에 낙교방지장치를 설치하는 것이 의무화되었다.

낙교방지장치로는 ① 받침(거더 중량을 기초 또는 교각에 전달하는 역할을 하는 것) 이동제한 장치, ② 최소 받침지지길이(교대 또는 교각의 상면에 올려진 거더의 길이, 이 길이가 길수록 거더가 낙하하기 어렵게 된다) 확보, ③ 내진보강장치(거더~거더, 거더~교대 등을 강봉 또는 강판으로 연결시킨 것)의 3종류가 많이 적용되어 왔다. 그러나 낙교방지장치 설치 후, 특히 대도시 등에서 큰 지진이 발생한 횟수가 적었기 때문에 실제적인 효과에 관해서는 아직 잘 알려져 있지는 않는 실정이다.

하지만 내륙직하형 지진인 고베대지진으로 인해 교각 및 거더의 지진시 실제거동을 직접 관찰하는 것이 가능하였는데, 안타깝게도 다양한 형태의 거더 낙하 사고가 많이 발생하였다. 이러한 피해로부터 거더 단부가 지반의 액상화 및 측방유동에 의한 교각의 이동·경사, 인접 거더 상호 간의 충돌 등의 이유로 인해 교각의 상단에서 낙하 사고가 발생한다는 것을 알게 되었다.

이들 피해사례를 상세하게 검토하여 1996년에 개정된 '일본 도로교 표준시방서'에서는 받침지지길이, 낙교방지장치, 변위제한장치 및 단차방지장치 등의 낙교방지시스템 설치를 의무로 하고 있다. 받침지지길이에 대해서는 지반의 액상화와 측방유동 등의 영향을 함께 고려하도록 하고 있다. 낙교방지장치로는 거더와 하부구조를 연결하는 장치, 거더 또는 하부구조에 돌기(요철) 설치, 거더와 거더를 연결하는 장치 등의 3가지 종류가 있다.

변위제한장치는 원칙적으로 거더와 하부구조를 연결하는 장치, 거더 또는 하부구조에 돌기(요철)를 설치하는 방법 등이 있는데, 교량받침과 상호 보완함으로써 낙교를 방지하는 것이다.

단차방지장치는 받침이 파손된 경우에도 거더를 적당한 높이로 유지할 수 있도록 하는 것으로서, 대지진에 의한 피해가 발생하더라도 응급적인 처치에 의해 교량 기능을 유지할 수 있도록 하기 위해 고안된 것이다.

교량의 방음대책에는 어떤 것들이 있나?

간선도로에서는 인접지역의 양호한 생활환경 및 환경보전을 위하여 도로단부에서 약 10~20m까지를 환경시설대로 지정하고 있다. 그러나 도시부에서는 이러한 공간 확보가 거의 불가능하기 때문에 환경시설대 대신에 부대시설을 설치하고 있다. 차음벽이 바로 그 대표적인 사례이며, 소음문제에 대한 유효한 대책으로 많은 곳에 설치되어 있다.

도로교 설계 시 차음벽은 일반적으로 차음패널을 H형강 단면의 지주와 지주 사이에 끼워 넣는 구조이다. 그리고 외부하중에 의해 패널이 탈락·비산하지 않도록 각 패널 양단의 측부를 와이어로 꿰매어 지주의 상·하단에 고정시킨다. 그 내부구조는 차음패널의 창으로 들어온 음을 반복하여 반사시킴으로써 음을 감소시키는 메커니즘이며 흡음재를 사용하기도 한다.

차음벽은 위쪽 끝단부가 도로 측으로 휘어져 있는 것을 많이 보게 되는데, 이는 바람의 영향을 줄이는 동시에 음을 회절시켜 전파거리를 늘려서 감쇠시키려는 것이다. 최근에는 차음벽 일부에 투명판을 이용하거나 벽면을 다양한 디자인으로 설치하기도 하고 엠블럼을 붙이기도 하는 등 다양해지고 있다.

철도교 설계에 있어서 열차 주행 시 발생하는 소음대책은 구조안전성 확보와 같이 매우 중요한 문제로 다루고 있다. 철도 차량에 의해 발생하는 소음의 원인으로는 차량계통(집전계인 펜더그래프 소음, 모터음, 차체 공기역학음, 차륜 회전에 기인한 음 등), 궤도계통(레일의 이음부분 및 파상마모에 의해 발생하는 음, 급곡선 궤도에서의 삐걱거림 등), 구조계통(구조부재가 진동하여 발생하는 음)으로 분류된다. 일반적으로 신설 차량이나 신설 궤도가 기존의 것보다 더 조용한 음을 낸다. 급브레이크를 걸었을 때 발생하는 차륜 플래트(레일과의 마찰에 의해 생기는 평탄한 부분)와 차량 흔들림에 의해 생기는 궤도 이상 등이 경년 열화로 나타나게 된다.

강교는 콘크리트교에 비하여 내진성 및 시공성 측면에서 유리하지만 소음이 발생하기 쉬운 단점을 가지고 있다. 특히 개상식 교량(도상 없이 거더에 레일받침이 직접 연결된 구조)에서는 소음 문제가 발생하기 쉬운 특징이 있다.

구조적 측면에서의 소음대책으로는 교량 측면 및 하면에 차음판을 설치하는 차음공법, 구조부재의 진동을 억제하는 제진공법, 궤도로부터 전달되는 진동 에너지를 흡수하기 위한 방진공법(자갈 궤도 아래 발라스트 매트 설치, 궤도용 슬라브 하면에 방진용 고무패드 설치 등), 궤도 부근의 방음벽에 흡음재를 설치하는 흡음공법 등이 있다.

자동차, 부유물, 선박의 충돌대책은?

지간 200m 이하 교량의 설계·시공에 적용되는 '도로교표준시방서'에는 충돌하중으로서 자동차나 부유물(목재) 및 선박의 충돌 시 하중을 설계에 고려하도록 하고 있다.

자동차 하중은 도시부에 있어서 고가교의 교각기둥에 자동차가 충돌하는 경우를 규정하고 있으며, 방호시설을 설치하도록 하고 있다. 이 방호시설은 설치공간 등의 문제로 인해 설치가 불가능한 경우에는 노면으로부터 1.8m의 높이에 차도방향으로는 100tf, 차도의 직각방향으로는 50tf의 수평방향의 집중하중이 작용하는 것으로 설계하도록 하고 있다.

강제 교각의 경우에는 콘크리트 교각에 비하여 이러한 하중에 약하기 때문에 일반적으로 노면으로부터 약 2m 높이까지 콘크리트(저강도)를 충전하여 자동차가 충돌하는 경우를 대비하고 있다. 그런데 충돌대책을 위해 사용된 강제 교각기둥 내의 충전 콘크리트가 내진성을 향상시킨 효과가 있는 것으로 고베대지진 피해 시에 보고된 적이 있다. 이는 강재와 콘크리트의 합성에 의한 구조적 효과로 여겨진다. 그 외에 충돌하중에는 포함되어 있지 않으나 '교량 방호책 설치규정'이 있다.

부유물 등에 의한 충돌하중은 그 자체중량에 속도를 곱한 것의 1/10을 고려하고 있으며, 이를 수면 위치에 작용시키는 것으로 되어 있다.

선박의 충돌 위험이 있는 경우에는 설계 시 반드시 고려하도록 정하고 있으나, 이에 대한 세부규정은 없다. 그렇기 때문에 선박 충돌에 대한 세부규정은 각 기관별로 달리 적용되고 있는 실정이다.

교각 및 기초에 대한 선박 충돌방호시설을 구조적인 측면에서 분류하면, 크게 직접구조와 간접구조로 나누고, 이들 구조에 대하여 탄성변형형, 압괴변형형, 변위형의 3종류로 분류한다. 간접구조의 변위형으로는 자동차에 대한 가드레일과 동일한 시설을 수중에 설치하는 것도 있다.

선박충돌에 대한 완충시설은 거의 에너지를 이용하여 계산하게 된다. 기본적으로는 선박이 가지는 운동 에너지에 대하여 완충시설물의 변형률 에너지를 서로 평형시키는 것이지만, 이 경우에는 일반적으로 충돌방지시설의 규모가 너무 커지게 되어 총공사비에 대한 비율이 높아진다. 이러한 이유로 인해 선박의 흡수에너지를 가정하여 반영하는 경우도 있고, 이때 선박 구조상의 허용변형률은 안전적 측면에서 5~10%를 사용하고 있다.

표류한 선박이 어느 일정한 각도를 가지고 교각 기초에 충돌하는 경우에는 선박의 회전 및 롤링이 발생하기 때문에, 선박이 가지는 에너지가 소산되어버린다. 선박의 측면에 의한 충돌인 경우에는 선박과 교각 기초 사이에 끼어 있는 물이 완충 역할을 하게 된다. 충돌 시 중량은 선박만이 아니라 물의 부가중량도 함께 걸린다. 일본 혼슈시고쿠연락공단의 '완충공 설계요령'에서는 충돌 시 속도를 '선박 운항 시 속도의 70%+조류속도'로 하고 있으며, 표류 시에는 '조류속도'만 고려하고 있다.

최근에는 고무완충재(방현재)를 이용한 '교각 기초부의 완충공, 즉 파일식 완충시설' 등이 사용되고 있다.

뉴저지형 방호책이란 어떤 것인가?

고속도로 및 간선도로의 교통안전대책으로 '콘크리트 방호책'이 사용되고 있다. 콘크리트 방호책은 차선을 명확히 하려는 연석에서 시작된 것으로 여겨지며, 충돌차량 및 차선에서 이탈하는 차량을 막기 위한 기능도 함께 요구되면서 점차적으로 그 규모가 커지게 되어 방호책으로 발전하게 되었다.

대부분의 고속도로 등에서 표준적으로 사용되고 있는 형식이 '뉴저지형 방호책(NJ형)'이다.

NJ형은 넓은 범위의 각종 차량에 대응할 수 있으며, 형상 측면에서도 이론적·기술적으로 우수하다.

그 외에 '제너럴 모터스형 방호책(GM형)', '플로리다형 방호책(F형)' 등이 있으며, 이들 3종의 주된 차이점은 저부로부터 변곡점까지의 높이이다.

NJ형은 벽면구배의 변화점 높이가 13in(33cm)에 있다. 이 변화점이 15in(38cm)의 높이에 있는 GM형에서는 소형 차량 또는 초소형 차량의 전도 위험성이 높기 때문에 현재는 거의 사용되지 않고 있다.

1980년대 말부터 미국에서는 소형차의 급증 및 대형차의 중앙분리대 충돌사고의 대책으로서 NJ형의 개량형인 10in(25cm) 높이에 변곡점을 가지는 F형 또는 '싱글슬러프형'이 사용되었다.

NJ형과 비교하면 차량 전도에 대해 우수한 성능을 발휘하는 것이 충돌시험 등에서 명확히 확인되었다.

최근 일본에서도 'F형'과 '싱글슬러프형'이 주류를 이루고 있다.

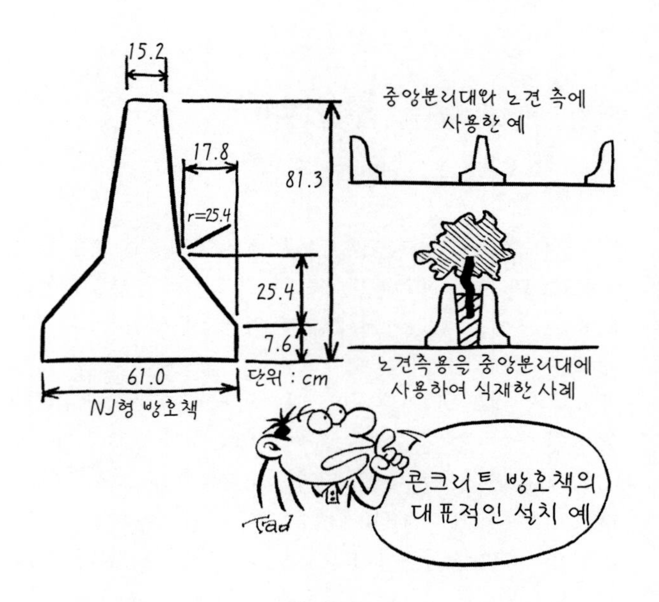
15.2
17.8
81.3
r=25.4
25.4
7.6
61.0
단위 : cm
NJ형 방호책
중앙분리대와 노견 측에
사용한 예
노견측용을 중앙분리대에
사용하여 식재한 사례
콘크리트 방호책의
대표적인 설치 예
Tad

칼럼 12

★교량 통행료와 다카스기(高杉) 씨

다카스기 신사쿠는 1839년에 야마구치현 죠슈번에서 태어났다. 그가 15세(1853년) 되던 해에는 미국 동인도함대 사령관인 페리제독이 흑선을 이끌고 개국을 요구하러 왔던 때였다. 영국·미국·프랑스·러시아의 열강이 경쟁적으로 아시아에 진출하던 때였다.

먼저 영국은 1840년에 중국 청나라를 아편전쟁에서 굴복시키고 상하이 등을 개항시켰으며 홍콩을 빼앗았다. 이를 본 프랑스·미국·러시아도 아시아로 진출하게 된다.

이러한 가운데 그가 24세(1863년) 되던 해에 중국 상하이 시찰의 기회를 얻었다. 그리고 그곳에서 그는 청나라 사람들의 슬픔을 눈으로 확인하게 된다. 거리에서 영국인과 프랑스인이 지나가게 되면 청나라 사람들은 그들을 피해가면서 길을 걷고 있었던 것이다. 또한 청나라 사람들만 통행료를 지불하는 유료 교량도 있었다. 유료 교량의 연유를 확인해본 결과, 7년 전에 설치되어 있던 교량이 낙교하여 청나라에서는 재건할 여력이 없어 결국 영국인이 교량을 설치해주었다고 한다.

이때 다카스기는 서양 열강의 힘과 그 속국이 되어버린 '대국' 청나라의 실상을 보며, 일본도 만약 잘못하게 되면 청나라와 같은 신세가 되고 말 것이라는 것을 절감하게 된다.

1858년에 일본의 에도정부는 미국의 압력에 의해 통상조약을 맺게 되며 곧이어 네덜란드, 러시아, 영국, 프랑스와도 동일한 조건으로 조약을 맺게 된다. 이것이 바로 일본의 '안세이 5개국 조약'이며 치외법권을 빼앗긴 불평등 조약이었다.

이 조약으로 인해 일본 내에서는 다양한 방면에서 반대의 목소리가 높아지게 되었는데, 다카스기는 이때를 계기로 서양식 군대제도를 도입하여 개혁을 주도한 인물로 평가받고 있다.

기타 7

7 기 타

현수교의 주탑은 연직으로 시공되는데, 지구는 구형이기 때문에 주탑이 높아질수록 주탑 간의 간격은 탑기부와 탑정부에서 서로 차이가 발생하게 된다. 또한 주탑은 자체 중량 및 케이블로부터 전달되는 하중으로 인해 수축되기 때문에 설계 시 요구되는 주탑높이를 위해서는 미리 조금 더 길게 시공할 필요가 있다. 장대교을 완성하기 위해서는 일반적으로는 무시해버리는 작은 것들도 놓쳐서는 안 된다.

이렇듯이 중요하지만 작은 이야기들 외에도 수중교량이란 어떤 것인가? 현대기술에 의한 부교(부체교) 및 자기부상식 리니어 모터카가 달리는 교량은? 등 새로운 교량기술에 대하여 소개한다.

진동을 제어할 수 있는 스마트한 교량이란?

최근 구조물의 대형화· 경량화로 인해 현수교 및 사장교 등의 장대교량, 초고층빌딩 등은 지진이나 바람에 의해 진동이 쉽게 발생하고 있다. 이들 구조물의 안전성 대책으로는 구조물 단면을 키워 강도와 강성을 확보하려고 하는 '내풍·내진'적인 접근방법도 있으나, 가설 작업 중의 안전성과 거주공간의 쾌적성 확보 등의 이유로 진동을 적극적으로 제어 또는 저감시키는 '제진'기술이 요구된다. 고베대지진 이후로 주목받고 있는 지진동 입력을 약하게 하는 '면진'도 제진기술의 하나이다.

제진기술에는 크게 분류하여 '패시브 제진(passive control)'과 '액티브 제진(active control)'의 2종류가 있다.

패시브 제진

패시브 제진이란 진동하는 구조물에 외부에서 힘을 가하는 것이 아니라 진동특성에 따라 적절한 감쇠력을 발휘토록 하는 방법으로서 ① 부가적인 무게추를 설치하는 방법, ② 댐퍼를 부착하는 방법, ③ 감쇠재를 이용하는 방법 등의 3가지가 있다.

부가적인 무게추를 설치하는 방법

부가적인 무게추(진동체)를 구조물의 고유진동수와 같은 진동수로 동조시키면 구조물의 공진을 억제하는 효과가 있는 점을 이용한 방법으로, 이 원리를 이용한 장치로는 일반적으로 동흡진기(dynamic absober) 또는 동조질량댐퍼(TMD, tuned mass damper)가 있다. tune은 '동조를 취하다, 공진시키다', mass는 '질량', damper는 '감쇠기'를 각각 의미한다. 따라서 '공진시키는 질량을 가지는 감쇠기'라는 뜻이 된다. 최근에는 용기 내에 액체를 넣어 이를 이용한 제진장치도 있는데, 이를 TLD(tuned liquid damper)라고 한다.

댐퍼를 부착하는 방법

오일댐퍼와 마찰댐퍼 등의 감쇠기(damper)를 구조물에 부착하여 직접감쇠를 크게 하는 방법이다. 사장교의 케이블 및 현수교 가설 시의 주탑에 대한 내풍대책으로 사용된다.

감쇠재를 이용하는 방법

구조물의 일부에 감쇠효과를 가지는 부재를 설치하여 제진을 꾀한다.

액티브 제진

진동하는 구조물의 외부로부터, 그 진동을 제어하는 힘을 적절한 타이밍에 효과적으로 작용시키는 방법으로서, 진동상황을 감시하는 모니터링 장치, 구조물의 진동상황에 따라 제진력을 변화시키는 제어장치, 기진기와 같이 구조물에 작용시키는 제어력(파워)을 작동시키기 위한 장치 등으로 구성되어 있으며, 제어력 부가방식이라고도 한다.

이 외에 액티브형 시스템과 패시브형 시스템을 1개의 구조물에 함께 사용함으로써 상승효과를 유도하는 '하이브리드형 제진'이 있는데, 아직까지는 실시 사례가 없다.

수중교량(수중터널)이란 어떤 것인가?

'수중터널'은 수면 위도 아니고 바닥 면도 아닌 수중에 떠 있는 형태로 유지되는 완전히 새로운 형태의 터널을 말한다. 현재까지 사람들은 해협과 하천을 횡단하기 위하여 현수교나 터널과 같은 교통수단을 이용하여 왔는데, 연장이 길거나 수심이 깊은 장소에서는 적용하기에 막대한 공사비와 공기가 소요된다. 이러한 점에서 종래의 구조물에 내포되어 있던 문제점을 해결한 새로운 교통수단으로 수중터널이 제안되었다.

수중터널은 '얕은 바다'의 경우와 '깊은 바다'의 경우에 지지방식이 서로 다르다. 얕은 바다인 경우에는 성토식, 블록식, 자켓식의 가대를 이용하는 '가대방식'이 있으며, 깊은 바다인 경우에는 텐션레그(tension leg)라고 불리는 계류색으로 지지하는 '텐션레그 방식'이 있다. 이 방법은 해저유전 개발을 위한 부유식 플랫폼을 해저지반의 기초에 긴장시킨 계류색에 연직방향으로 연결하여 플랫폼의 동요를 제어하는 기술(TLP, tension leg platform)을 적용한 것이다. TLP에 대해서는 수심 약 540m의 해저에서의 실적이 있다. 대상 지점이 깊어 가대방식으로는 경제적으로 곤란한 경우에 이 TLP 방식이 유효하다. 또한 터널 본체는 파랑, 조류, 바람 등의 자연외력의 영향이 적어지는 위치까지 설치수심을 내리는 것이 가능하며, 이 점이 '부교 또는 부체교'(225페이지 참조)와 주된 차이점이다.

수중 터널의 구상은 세계적으로 5개 정도가 있다.

1. 지브롤터 해협 연결 계획

스페인과 모로코 사이의 지중해를 연결하는 계획으로서 해수면 34m 아래(최대 수심 350m)에서 터널단면 직경 11.4m의 2련(차선수는 일방향 2차선, 유효폭 10m)의 구조형식이 제안되어 있다. 터널의 함체 길이는 1개가 100m이며, 200m 단위로 지지대를 설치하며 총연장 6,200m에 이른다.

2. 이탈리아 본토와 시실리아섬 간의 메시나 해협 연결 계획

당초에는 해수면 30m 아래에서 단면 42.5m×24m로 강재와 콘크리트의 복합 재질을 사용한 도로 및 철도 병용터널안이 제안되었다. 앵커의 핏치는 120m, 터널 연장은 5,000m, 최대 수심은 270m이다. 지형·지질·해양 등의 요소를 추가로 검토하여 연장 3,300m, 폭 60m, 주탑 382m의 현수교로 변경하여 새롭게 사업추진을 준비하였으나, 현재 전 세계적인 경제불황으로 인해 사업이 전면 중단위기에 이르렀다.

3. 노르웨이에는 2개의 계획이 있다. 모두 피요르드를 횡단하는 노선인데, 에이죠드(Eidjord)와 혹스포드(Hogsfjord) 노선이다. 최대 수심은 350~400m 및 150m, 단면은 두 곳 모두 원형, 설치 수심은 16.5m와 10m, 연장은 두 곳 모두 1.27km이다.

4. 일본에서도 1990년부터 북해도의 훈카만(湾) 지역을 대상으로 연구를 진행하고 있다.

5. 한편 한국과 일본을 연결하는 한일해저터널 계획도 있다. 아시아 32개국을 횡단하는 14만km에 이르는 아시안 하이웨이 협정이 2003년 채택되었는데, 이와 연계가 가능하며 남북관계 및 한일관계 개선에 중요한 계기로도 작용할 수 있을 것으로 기대된다.

수중터널 기술은 해협횡단뿐만이 아니라 습지대와 액상화 지반대의 횡단시설, 유빙제어시설, 방수로, 항만연결시설 등으로의 이용이 가능한 기술들이다.

현대기술에 의한 부교(부체교)에 대해서 알려주세요

앞에서 설명한 수중터널과 닮은 유형으로 '부교'라는 것이 있다. 부교(부체교)는 '플로팅 브리지(floating bridge)'라고도 불리는데, 지반에 기초를 세워 교량 거더를 지지하는 것이 아니라, 부력을 이용하여 거더를 앵커 및 앵커케이블로 해저면에 고정시키는 방법이다. 부체의 구조형식에는 '상자형(pontoon형)'과 '반잠수형(semi-submersible형)'이 있으며, 계류방식에는 계류색 방식, 돌핀 방식, 단부 고정방식 등이 있다.

부교에 큰 영향을 미치는 자연조건으로는 바람, 풍랑, 조류 및 조류변동 등이 있으며, 또한 수면상이기 때문에 선박의 항로확보 및 충돌에 유의하여야 한다.

그러나 부교가 가지는 특징으로는 ① 대수심 및 해저 연약지반 등의 영향을 받지 않는 점, ② 해상에서의 작업이 적고 공기가 단축될 수 있는 점, ③ 노면과 수면의 고저 차가 크지 않기 때문에 노면으로부터의 친수성 및 경관성이 뛰어난 점, ④ 지진의 영향이 적은 점, ⑤ 해저지반을 교란시키지 않기 때문에 환경에 미치는 영향이 크지 않는 점 등을 들 수 있다.

일본에서는 공용 중인 도로교로서의 시공사례는 없으나 매립지 공사시의 강제 부체교, 골프장 내에 건설된 프리스트레스트 콘크리트의 보도교 등에 적용된 사례가 있다. 해외에 건설된 도로교 사례로서는 미국, 케나다, 오스트리아에서의 '연속상자형 부교' 및 '분리형 부교'가 있다. 이들 대형 부교는 호수, 항만 내부, 피요르드 지역 등 파도가 심하지 않은 장소나 대수심 또는 연약지반으로 구성된 지역에 건설되어 있다.

연속상자형 부교 사례로는 미국의 워싱턴호수 제3교가 있으며, 대형 선박의 항로를 확보하기 위해 설치된 부교로는 미국의 에버그린포인트교가 있다. 한편 분리형 부교로는 노르웨이 피요르드 해안의 '베르그소이슨드교(Bergsoysund bridge)'가 유명하다.

부교가 침몰한 사례도 있는데, 1990년 11월 25일 미국의 Lacey V. Murrow교가 폭풍우에 의해 중앙부분의 약 480m(8기의 함체)가 호수 저면으로 침하하는 사고가 발생하였다. 사고 당시 교량 위에는 포장 및 상판부 보수공사를 실시하고 있었는데, 부교 해치를 열어둔 상태였기 때문에 이곳으로 침수하여 침몰한 것으로 조사되었다. 침몰한 거더는 수심 60m의 해저에 가라앉았기 때문에 거더를 인양하지는 않고 재제작하여 1993년에 준공시킨 사례이다.

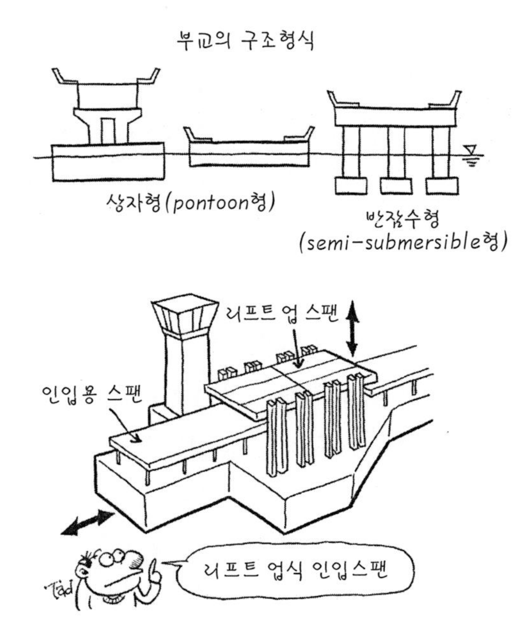

동결방지제의 효과는 어느 정도인가?

겨울철 도로를 자동차로 달리는 경우에 미끄러지는 경험을 한 적이 있을 것이다. 한번 미끄러지기 시작하면 자동차 핸들을 조작하거나 브레이크를 밟더라도 자동차는 뜻대로 움직이지 않는다. 1, 2초라는 아주 짧은 시간에 발생하기 때문에 경험자가 아니라면 그 기분 나쁜 느낌을 알 수 없을 것이다.

교량의 노면은 도로 포장 면보다 얼기 쉽다. 이는 교량이 도로보다도 차가워지기가 쉽고 또 더워지기 쉽기 때문이다. 보통의 일반도로가 얼어 있지 않는데도 교량 위에서는 미끄럼 사고가 자주 발생한다. 한랭지에서는 교량뿐만 아니라 도로 노면이 얼지 않도록 각종 대책을 세우고 있다.

'고속도로'에서는 눈을 도로 면에 남겨두지 않도록 하기 위해 중장비를 이용하여 제설작업을 실시한다. 그러나 제설을 열심히 하더라도 노면 동결 현상은 피할 수 없기 때문에 동결방지제인 염화나트륨(소금)을 살포하게 된다. 표준 살포량은 20~30g/m^{2}로, 여성의 손으로 가볍게 한줌 쥔 상태로 뿌리는 느낌이다. 물이 소금을 머금고 있으면 빙점 아래로 내려가더라도 얼지 않는다. 노면수에 소금이 스며들면서 동결온도를 낮추어준다. 동결노면의 온도가 낮을수록 미끄러지기 어려운 것으로 알려져 있다. 0°C 부근의 동결 노면이 가장 미끄러지기 쉽다(BPN 값으로 10 정도). BPN이란 British Pendulum Number의 약자로서, 영국식 포터블 테스트기에 의해 노면의 미끄럼 저항을 측정한 값이다. 일본 도로공단에서는 포장공사 완료시에 BPN치 측정을 반드시 실시하도록 규정하고 있다. 모스크바에서는 혹한기인 2월의 일 최고기온은 −10~−15°C, 일 최저기온은 −25~−30°C 정도인데, 많은 자동차가 여름에 사용한 타이어 그대로 주행하고 있기 때문에 미끄럼 사고는 봄이 되기 직전에 빈번하게 발생하지만, 한겨울에는 거의 발생하지 않는다고 한다. 일반적으로 −10°C에서 BPN치는 30정도이다. 일본에서는 모스크바만큼 춥지는 않지만 미끄럼이 많이 발생하고 있으며, 겨울용 스터드리스 타이어를 부착하더라도 잘 미끄러진다. 미끄럼 사고로부터 몸을 보호하기 위해서는 우선 속도를 줄여야 한다. 일반적으로는 시속 40km 이하로 주행하거나 커브 직전에 미리 감속하는 것이 가장 중요한 포인트로 알려져 있다. 눈이 많이 내리는 지방을 방문할 때에는 비록 노면에 눈이 없더라도 아스팔트 포장에서는 도로 노면이 검게 보이는 부분, 콘크리트 포장에서는 희게 보이는 부분은 모두 얼어 있다고 생각하는 것이 좋다. 또한 안전한 장소로 대피하여 타이어 체인을 곧바로 설치하는 것도 잊어서는 안 된다. 체인의 장착작업은 좁은 노견에서는 절대 하지 말아야 한다. 미끄러지는 자동차에 부딪히는 사고가 빈번하기 때문이다. 체인을 부착했다면 시속 40km 정도로 주행하여야 한다. 눈이 없는 도로에서 시속 50km로 10분 정도만 주행하면 체인은 쉽게 절단되어버린다. 여하튼 고속도로에서 가장 위험한 것은 바로 이 미끄럼 사고일 것이다.

소금 이외에 염화칼슘도 사용된다. 일본 나가노현의 사례를 소개하면 다음과 같다. 나가노현 도로 중에서 적설지대로 분류되는 도로에는 염화칼슘을 사용하고 있다. 도로 노면의 눈은 자동차 주행에 의해 딱딱하게 압축되는데, 스터드리스 타이어가 이를 더욱 미끄러운 상태로 만들어버린다. 염화칼슘에는 압축된 눈의 표면을 거칠게 하는 효과도 있어서 적설지대의 동결방지제로서 적합한 것으로 알려져 있다. 그러나 염화칼슘은 물에 녹는 경우에 열을 발산한다. 염화나트륨은 반대로 열을 흡수(흡열반응)한다. 그러나 염화칼슘의 이러한 발열반응은 동결방지 효과 측면에는 별로 도움이 되지 않는 것으로 알려져 있다.

동결방지제의 문제점은 신문 보도에서도 자주 나타나는 것처럼 주행 차량의 부식 및 주변 환경에 미치는 염해 현상이다.

동결방지 및 제설 설비에는 어떠한 것들이 있는가?

앞에서는 동결방지제에 대하여 논하였다. 여기서는 '동결방지와 제설·융설 설비'에 대해서 설명하고자 한다. 제설 및 융설(적설이 융해되는 것을 말함) 시설에는 ① 살수, ② 침투, ③ 무살수(로드히팅), ④ 원적외선, ⑤ 축열재 등을 이용하고 있다. 물론 동결방지에도 도움이 된다.

살수형

'제설용 파이프'로부터 노면에 살수하여 눈을 제거한다. 이때 사용하는 물은 통상 지하수를 이용한다. 수온이 높은 용수도 적합하다. '산간부의 비탈길'에서는 연못의 물을 노면으로 흘러 보내어 눈을 제거하는 데 활용한다. 제설용 파이프는 1957년 나가오카시에서 사용된 것이 최초이다. 설비비 및 유지비는 저렴하지만, 보행자와 도로에 인접한 주택에서는 자동차 주행 시 날아오는 슬러시 얼음같은 눈에 의해 생활 쾌적성이 저하된다. 이로 인해 최근에는 활용성이 높지 않은 편이다.

침투형

공극률이 많은 포장을 시공하여, 하부로부터 지하수가 스며들게 함으로써 눈을 녹이는 방법이다. 주로 보행자가 편안하게 걸어 다닐 수 있도록 하기 위한 목적으로 개발되었으며, 보도에 주로 활용된다. 1985년 일본의 시바타시에서 처음으로 보도에 적용하였다.

무살수형(로드히팅)

지하수보다 고온의 열에너지를 이용한 무살수 방법이다. 1961년 일본 이와테현의 센닌터널에서 '전열 로드히팅'이 처음으로 시도되었다. 제설용 열원으로는 전열선을 직접 사용하는 것과 액체를 전기나 다른 연료를 이용하여 데운 후에 이를 순환시키는 것이 있다. 설비비 및 유지비는 앞에서 소개한 살수형·침투형에 비해 높긴 하지만 도로 이용자에게는 매우 쾌적한 환경을 제공한다.

원적외선형

무살수형의 하나이긴 하지만 열을 이용하는 것이 아니라 원적외선을 이용하여 눈을 녹이는 것이 특징이다. 고형 탄소에 0°C보다 높은 전열원을 공급하게 되면 융설 효과를 가지는 원적외선을 방출시켜 눈을 녹인다. 원적외선은 얼음 분자를 공진시키게 되며 그 진동에너지가 얼음을 녹이는 것이다. 1996년 니이가타현에 있는 기업이 개발하였으며, 그 이듬해에 건설성과 함께 공동실험을 실시하여 제품화시켰다. 사용전력은 기존의 전열 히팅에 비하여 50% 이하라고 한다. 도로 및 지붕 등에서 사용 가능하다.

축열재형

축열재로서는 응고·융해온도가 3.1~4.6℃인 파라핀을 이용하여 '강상판 교량의 노면'의 동결억제 효과를 얻은 것으로 보고된 사례가 있다. 강상판은 교량 노면이 강판으로 만들어진 것을 말한다. 축열재인 파라핀이 상기의 온도에서 응고할 때에 방출하는 잠열(latent heat)을 이용하여 강상판 노면의 온도를 0℃보다 높게 지속시켜 노면 동결을 억제하려고 하는 원리이다. 이 축열재를 강상판의 포장에 매립함으로써, 교량 주변의 도로가 아직 얼지 않은 상태에서 교면에서만 눈이 압착되거나 동결 상태가 되는 것을 방지하는 것이 가능하다. 1996년 후쿠이시 내에 있는 강상판 교량에 이 방법을 적용하였다. 강상판에 한정되지 않고 보통의 콘크리트 상판에도 동결억제 효과가 있는 것으로 알려져 있다.

동결억제 포장이란 어떤 것인가?

따뜻한 지하수가 스며 나오게 하여 얼음이 얼지 않도록 하는 침투형 포장과 전열 등으로 노면을 따뜻하게 하는 로드히팅형 포장에 대해서는 앞에서 설명하였다. 여기서는 고무를 이용한 동결방지 포장을 소개한다. 폐타이어를 분쇄하여 약 5mm 이하의 고무 입자를 아스팔트 포장에 혼입시켜 고무의 변형을 이용하여 노면의 동결을 억제하려고 하고 있다. 예전부터 동결노면의 슬립방지에 매우 효과가 있는 스파이크 타이어는 포장을 마모시켜 분진공해를 발생시키기 때문에 사용이 금지되어 왔다. 고무입자가 들어간 아스팔트 포장은 열원 에너지를 필요로 하지 않고, 또한 폐타이어를 리싸이클로 이용하는 환경 친화적인 아이디어이다.

보통의 아스팔트 포장은 아스팔트와 모래, 쇄석으로 구성되는 아스팔트 혼합물을 피니셔라고 하는 전용 기계로 깔아가면서 롤라 장비로 전압시켜 완성시킨다. 아스팔트는 석유의 증유에 의해 얻어지는 것으로서, 열을 받게 되면 연화하는 성질과 차가워지면 딱딱해지는 성질이 있다. 이러한 성질에 의해 아스팔트 혼합물은 고결되어 도로포장에 이용되는 것이다. 아스팔트 포장의 단면을 현미경으로 관찰해보면, 크기 20mm 정도 이하의 쇄석 사이를 아스팔트 모르터가 채우고 있다. 아스팔트 모르터라는 것은 모래와 아스팔트의 혼합물을 말한다.

동결억제 포장은 이 아스팔트 모르터에 고무 입자를 혼입하여 쇄석과 함께 혼합시킨 것으로서, 고무입자가 쇄석과 쇄석 사이에 비집고 들어간 상태이다. 노면에도 고무입자가 노출된 상태로 있다. 바로 이러한 상태가 노면의 동결을 억제시킬 수 있는 핵심 키가 된다. 노면에 돌출한 고무입자가 자동차의 타이어에 눌러서 변형하게 되면 노면의 얇은 얼음이 부서지게 된다. 고무입자가 얼음을 부수는 메커니즘은 FEM이라고 하는 응력해석법에 의해 이미 해명되어 있으며, 설빙의 두께가 3cm 정도까지는 고무입자의 효과가 있으나, 고무입자의 형태에 따른 차이는 크지 않는 것으로 확인되었다. 고무입자가 혼입된 아스팔트 콘크리트는 노면에 고무 입자가 충돌함으로써 노면의 미끄럼 저항이 커지게 된다. 또한 노면에 돌출한 고무입자는 차량 주행 시의 소음을 저감시켜준다. 고무입자를 혼입하더라도 일반 포장장비를 사용하는 것이 가능하기 때문에 경제성 측면에서도 뛰어나다. 고무입자를 1~2cm 정도로 크게 하여 일반 아스팔트포장 공사 시에 노면에 흩뿌려 시공한 예도 있다. 1998년 나가노 동계올림픽에서 사용한 시가고원 루트에 이 포장이 시공되었다. 설빙의 파괴효과는 양호한 것으로 나타났으나, 일반 차량과 제설차량의 주행에 의해 고무입자가 떨어져나가는 문제점이 발생한 것으로 보고된 적이 있다.

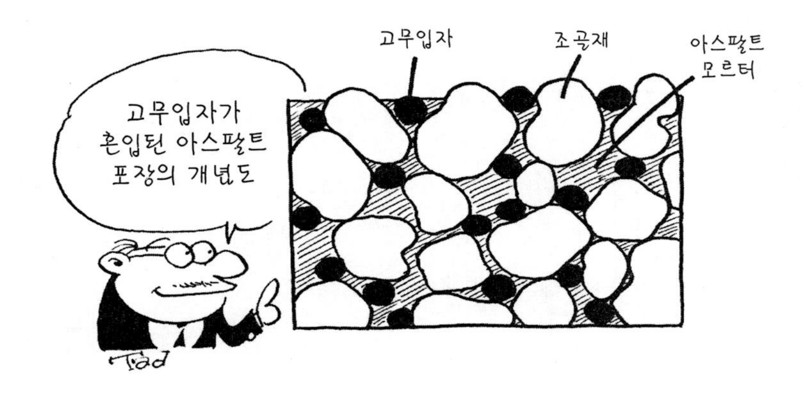

교량 박물관이란 어떤 곳인가?

세토대교 기념관

일본 오카야마현 쿠라시키시의 세토대교 기념관은 1988년 세토대교 준공을 기념하여 설립된 것으로서, 세계에서도 보기드문 교량 기념관이다. 기념관의 외관은 오사카 스미요시 신사의 유명한 무지개다리인 타이코 교량을 닮았으며, 지붕은 계단 형상을 하고 있다.

정면의 현관 옆에는 일본에 교량기술을 전수해준 백제로부터 건너온 노자공(일명 지기마려라고도 하며 사루하시를 설계, 61페이지 참조)과 닛코의 야마스게교를 건설한 것으로 전해지는 닛코 신선의 동상이 있다. 관내로 들어가면 먼저, 천정에는 일본 중세의 여행자들, 거리 연예인, 수도승, 노점상인 등, 교량 하부의 세계가 그림으로 그려져 있다. 기념관 내의 중앙에는 400년 전에 계획된 베네치아의 리알토교(Ponte de Roalto, 1/2 모형)가 있다. 이 교량은 16세기 말 이탈리아의 건축가 안토니오 다 폰테가 설계하였으며 길이 48m, 폭 22m, 수면에서의 높이 7.5m의 석조 아치교다. 그 외에 고대로부터 현대에 이르기까지 세계 각국의 신기한 교량 사진과 1/500의 세토대교도 포함한 각종 모형이 전시되어 있으며, 멀티비전을 사용하여 세계의 교량 역사 및 문화, 교량 구조 등을 배울 수 있다. 교량 공원에는 일본에서 오래전부터 전해오는 11개 교량을 재현한 일본식 정원으로 되어 있다. 또한 교량 광장에는 세토대교에 사용된 케이블과 주탑의 실물, 세계 최초의 강교(아이언 브리지) 모형에 영국의 조지 스티븐슨이 발명한 최초의 증기기관차 로코모션호의 모형이 올려놓은 채로 전시되어 있다.

도요무라의 세키쇼칸

구마모토현의 도요무라는 에도시대 말기(1800년대 후반)부터 일본 전국적으로 수많은 석조아치교를 건설한 석공들의 발원지이다. 다네야마 석공이라고도 불리는 이들 기술자들은 당시 일본 최고의 기술자 집단으로 알려져 있다. 세키쇼칸은 이러한 다네야마 석공들의 업적을 재조명하여 석재 문화를 되새기고, 남아 있는 22개 석교의 보전 및 자료 보관, 마을 전체를 박물관으로 하려는 발상에서 탄생된 것이다. 건물 3동은 모두 마을에서 산출된 응회암을 사용하였으며, 지붕은 통나무를 쌓아올린 아치형태로 하여 석교문화를 이미지한 '돌의 건축물'로 되어 있다. 중앙 홀에는 석교 만들기의 기초가 되는 목재 지보공을 전시하고 있다. 아치교의 가설에 관한 비밀과 당시 석공들의 작업 전경을 디오라마(diorama)

형식으로 재현되고 있으며, 당시의 석재운반 작업을 체험할 수 있다.

독일 박물관(Deutsches Museum)

독일 박물관은 뮌헨 시내에 있으며, 과학, 공학기술의 종합적인 박물관으로 1903년에 창설되어 1925년부터 일반에 공개되기 시작하였다. 약 8만m^2의 전시실에 2만 점을 초과하는 전시물, 약 70만 권을 소장하고 있는 도서관, 회의실, 연구실 등으로 구성된 박물관이다. 이 중에서 '도로와 교량' 코너는 좁고 긴 실내에 모형, 사진 등이 전시되어 있어 고대로부터 현대에 이르기까지의 교량의 역사를 잘 알 수 있도록 하고 있다. 전시물은 교량 재료에 따라 분류하여 석교, 목교, 철교, 강교, 무근 및 철근 콘크리트교, 현수교 등으로 구성되어 있다.

Iron Bridge 자료관

아이언 브리지의 근처에도 자료관이 있는데 철교 건설 당시의 상황을 알 수 있도록 하고 있다(11페이지 참조).

교량 설계자가 되려면?

교량 구조물은 오래전부터 화가들의 그림 소재가 되기도 하고 소설 속에 등장하기도 하며, 또한 영화와 음악의 테마로서도 이용되는 등 다양한 예술 방면에서 빈번하게 등장하고 있다. 또한 사진과 지그소 퍼즐을 패널로 한 인테리어로서도 자주 사용되고 있으며, 랜드마크로서의 기능도 가지며, 데이트 장소·휴게장소·조깅코스·산책코스로서도 친숙하다. 이렇듯이 교량은 사람과 자동차를 이쪽에서 저쪽으로 건너가게 해주는 기본적인 역할뿐만이 아니라, 사람들의 생활을 즐겁고 풍족하게 해주는 역할도 하고 있다.

그러면 이러한 교량은 누가 설계하는 것일까? 어떤 공부를 해야 교량 설계자가 될 수 있을까? 이러한 질문에 대답할 수 있는 사람은 의외로 많지 않을 것이다.

흔히 아카시대교와 같은 획기적인 구조물 건설에 관한 뉴스를 텔레비전이나 신문으로 접했을 때, 마치 나 자신도 이러한 거대 프로젝트에 참여하여 이 거대한 대지 위에 자신의 족적을 남기는 일을 하고 싶다고 생각하는 이들이 있을 것이다. 최근에는 대학의 인터넷 홈페이지뿐만 아니라, 각종 전문 웹사이트 및 설명회 등을 통해 다양한 정보를 공개하고 있으며 이들을 손쉽게 활용하는 것이 가능하다.

그러면 이제 본 질문에 대해 대답해보면, '교량 설계'는 일반적으로 토목공학과 출신들이 주로 수행한다. 최근 토목공학계열의 학과명을 표로 요약해두었으니 참고하기 바란다. 전문대학·공업계 고등학교에서는 토목공학과, 환경도시공학과 등이기도 하지만 대학에서는 다양한 학과명이 있다. 각 대학교에는 강의계획서(syllabus)라고 강의 개요를 모아 놓은 것을 가지고 있는데, 교량 설계에 필요한 기본적인 지식을 습득하기 위한 교과목인 교량공학·교량설계제도·강구조공학·콘크리트공학·구조역학·재료역학·토질역학·내진공학·경관공학 등의 강의 및 실습이 있는지 살펴보면 된다.

토목계 학과 리스트(최근 학과 통합으로 인해 다소 변경되었을 수도 있음)

• 토목과	• 토목공학과	• 토목건설공학과
• 해양토목공학	• 건설학과	• 건설공학과
• 도시공학과	• 사회공학과	• 사회개발공학과
• 지구공학과	• 지구시스템공학과	• 구조공학과
• 개발공학과	• 건설기초공학과	• 사회환경시스템공학과

자기부상식 리니어 모터카가 달리는 교량은?

1964년은 일본경제의 고도 성장기에 해당하며, 특히 눈부신 한해였다. 도쿄올림픽이 개최되어 당시 세계에서 가장 빠른 도카이도 신칸센이 개통되는 해였기 때문이다. 비행기 기체를 연상하는 신칸센이 후지산을 배경으로 질주하는 영상은 당시 새로 개발된 통신기술인 '위성중계'를 통해 전세계로 방영되었다. 도카이도 신칸센은 그 후에도 수요가 더욱 늘어나 현재는 가장 많은 시간대의 경우에 약 4분 간격으로 발차하고 있으며, 거의 만석상태이다. 또한 교량 등의 구조물도 언젠가는 노령화되기 때문에 그 이전에 대규모의 보수·보강·교체 등의 공사가 필요하게 된다. 그뿐 아니라 방재 관점에서는 고베대지진에서 재확인된 것과 같이, 공공 교통의 네트워크화가 반드시 필요하다. 이를 위해서 도카이도 신칸센을 대신하는 초고속 대용량 운송수단으로 '츄오 신칸센' 건설이 진지하게 검토되기 시작하였다.

'초전도 자기부상식 철도, 리니어 모터카(linear motor car)'는 이러한 배경을 토대로 계획되었으며, 도쿄와 오사카를 1시간에 연결하는 제2의 신칸센으로 큰 기대를 모으고 있다. 또한 21세기에 있어서 과학기술 발전 및 경제효과를 비롯하여 다방면으로의 파급효과를 얻을 수 있을 것으로 기대된다.

야마나시 실험선(야마나시현, 42.8km의 전 구간 복선)에서는 시속 550km의 유인주행 시험, 고속주행에서의 엇갈림 주행 시험 및 터널부 진입시험 등이 실시되었다. 리니어 모터는 회전형 모터의 회전자와 1차측 코일을 평면으로 전개하여 회전운동 대신에 직선운동을 하도록 한 것이다. 이 모터로는 추진력을 얻고 동극 자석간의 반발작용에 의해 부상하여 초고속 주행이 가능하게 된다. 이 실험선 내에는 철도교로서는 처음으로 바스켓 핸들형 닐슨아치교(8페이지 참조)의 멋진 강교 '오야마가타교'가 설치되어 있다.

그런데 이 교량에는 강재를 사용하였기 때문에, 초전도 자석을 탑재한 차량이 통과할 때에 강재에서 발생하는 유도전류에 의해 주행저항 및 에너지 손실이 되는 자기항력이 발생하게 되어, 주행상의 문제점으로 대두된다. 이 자기대책으로서 약자성 강(고망간 강)으로 감싸두거나 구조물의 접합부를 전기적으로 절연시키는 방법이 사용된다. 로제형 교량에서는 리브와 거더부가 루프형으로 되어 있기 때문에 자기항력이 발생한다. 이런 점에서 리브를 접합부에서 절연시켜 루프를 차단하게 된다. 또한 완전히 자화하지 않는 카본섬유와 아라미드섬유 등을 수지로 고결시켜 강화한 FRP 등이 사용되는 경우도 있다. 고망간 강은 일반 강에 비하여 단단하여 가공하기 어려운 특성이 있기 때문에 가이드웨이 부근과 같이 한정된 곳에서만 사용된다.

미래의 '초고속 자기부상 고속철도'의 완성을 위해서 세계적으로도 흔하지 않는 중요한 기반 연구를 실시하고 있으며, 이를 통해 경제적으로 우수하고 안전성도 높은 교량 구조물이 만들어지고 있는 것이다.

추진력을 얻기 위해 리니어 모터를 사용하는 예는 이미 일본의 '도에지하철 12호선' 등에서 확인 가능하다. 모터를 평면적으로 전개함으로써 회전형 모터를 사용하는 것보다 차체를 낮추는 것이 가능하기 때문에, 지하철 터널단면을 줄일 수 있는 등의 경제적 효과를 올리고 있다.

Linear motor car, Magnetic levitation

교량 설계 시의 지질조사 방법을 알려주세요

교량의 하부구조를 지지하는 지반은 상부구조로부터의 하중과 하부구조자체에 작용하는 하중을 견고하게 지지할 필요가 있다. 그렇기 때문에 설계 시 필요한 조사는 구조물을 지지하는 지지지반(기초지반)을 판정하는 일이다.

먼저 건설지점의 지반상황을 개략적으로 파악하기 위해 그 주변에서 과거에 실시한 지반조사 및 기초공사 등의 기록, 지반관련 도면, 지진에 의한 피해사례, 지반침하 자료, 역사적 문헌 등을 이용한 조사를 실시한다. 이어서 건설지점에서의 보링조사 및 물리탐사를 실시한다. 지지층으로 추정되는 깊이까지 시추공을 뚫어서 지반의 성층 구조를 나타내는 지질주상도, 지하수위의 위치, 지층의 두께, 지반의 견고함 및 고결정도 등을 조사한다. 각층의 고결 및 다짐상태는 63.5kgf의 추를 75cm 자유낙하시켜 샘플러가 30cm 관입하는 데 필요한 타격횟수를 N으로 표현하고 이를 N치라고 한다.

통상적으로 기초의 지지 지반은 대개 N>50의 경우가 많다. 또한 중요한 교량 등을 건설하는 경우에는 보링공을 이용하여 추가적으로 공내재하시험, 탄성파시험 등을 비롯하여 공 내에서 채취한 토질시료를 이용하여 실내에서 각종 토질시험(압축강도시험 등)을 실시하여 각층의 물성을 조사한다.

산악지 등에서는 보링조사 전에 물리탐사를 실시한다. 지중에서는 화약발파, 지표에서는 무게추를 떨어뜨리는 등에 의해 탄성파를 발생시킴으로써, 그 파의 전달 특성을 이용하여 지반상황을 추정하는 방법이다. 이 방법에 의해 지지 암반의 깊이, 암반의 풍화, 균열정도, 지층의 종류 및 두께, 지하수위 등을 조사한다.

도심지 내에는 다양한 구조물이 건설되고 있어 지반 상태를 상당 부분 파악하고 있지만, 오히려 지하철과 공동구와 같은 지하구조물 및 가스관, 상하수도관, 전기, 전화선 등의 지하매설물이 많기 때문에 시험굴착에 의한 위치확인 등의 조사가 중요하다. 이설이 불가능한 매설물 등이 있는 경우에는 기초 구조물의 위치를 변경하는 등 재검토가 필요한 경우도 있다.

한편 바다에 교량을 설치하는 경우에는 해역 조사를 다음과 같이 실시한다. 먼저 기초를 설치하는 해저부분의 지형조사부터 시작한다. 기초 예정지의 주변 수역 전체에 대하여 해저 지형도를 작성한다. 지형이 험준한 곳과 기초 건설지점에 대해서는 더욱 상세한 지형도를 작성하여야 한다. 이어서 해저의 지질을 조사하는 보링조사를 실시한다. 아카시대교의 경우에는 조사를 개시한 익년인 1959년부터 1989년에까지 총 6회 실시하였다. 이러한 지형 및 지질조사로부터 최종적인 건설지점이 결정되어 해상기초를 시공하게 된다.

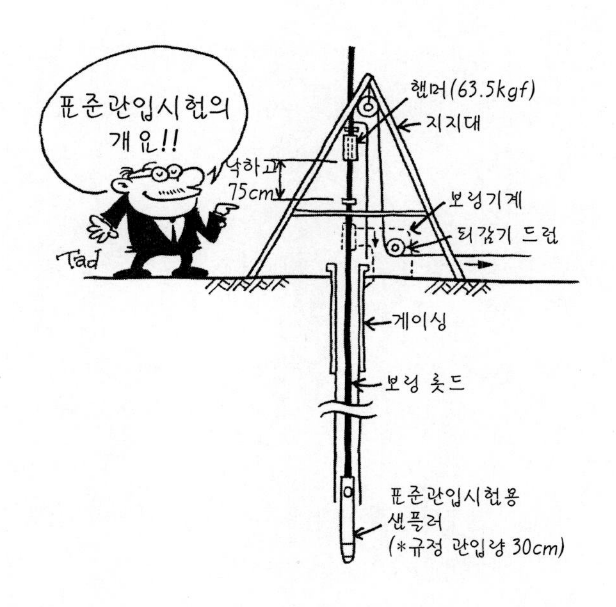

교량도 지진 시 액상화에 의해 영향받는가?

지진에 의한 지반의 '액상화 현상'은 1964년 니이가타 지진으로부터 주목받기 시작하였으며, 그 후 수많은 연구가 수행되어 많은 것들이 규명되었다. 현재는 액상화 발생 가능성에 대한 예측기법이 대부분 확립되어 있다. 지하수로 포화상태인 느슨한 모래지반은 90～100gal(1gal이란 1cm/sec^{2}의 가속도 단위) 이상의 지진에 의해 반복되는 큰 흔들림을 받게 되면, 보다 안정적인 상태, 즉 조밀한 상태로 되려고 하기 때문에 모래의 입자 배열을 붕괴시켜 수축하게 된다. 따라서 모래입자 사이에 있는 간극수의 압력이 높아지게 되어 모래입자끼리의 맞물림 현상이 흐트러져버리게 된다. 특히 균질

한 모래입자로 구성된 지반에서는 이런 현상이 더욱 발생하기 쉬워진다. 이렇게 되면 높은 수압으로 인해 모래입자는 물속에 떠 있는 상태가 되어, 전단저항력(좌우로 평행사변형 형상의 변형에 대한 저항력)이 현저하게 저하된다. 이 상태를 '지반의 액상화'라고 한다.

액상화에 의한 피해로는 건축물의 경사와 전도, 매설관 및 매설탱크 등 매설물의 부상·꺾임·노출·균열 발생, 호안의 붕괴·침하·균열 발생, 하천제방 및 도로·철도의 성토부 활동파괴·침하·유출 등이 있으며, 직접 눈으로 확인이 가능한 손상도 있고 직접 확인이 불가능한 지하 기초부의 피해도 발생한다.

예를 들면, 말뚝 기초에서는 액상화에 의한 모래지반의 측방유동에 의해 말뚝에 과다한 횡방향 하중이 작용하여 말뚝이 파손되는 경우도 있다. 니이가타 지진 시 쇼와대교의 교각이 기울어지면서 낙교가 발생하였는데 그 원인의 하나로서 액상화 영향을 지적하고 있다.

고베대지진에서도 호안에 근접하여 건설된 교각 기초의 이동 및 경사가 발생하였는데, 이러한 변위·변형이 교량 흔들림과 함께 교량 붕괴에 대하여 복합적으로 영향 미친 것으로 판단하고 있다.

지반 액상화의 대책공법에는 여러 가지가 있다. 기본적으로는 ① 입도분포의 개량 또는 고결화 공법, ② 고밀도공법, ③ 지하수의 포화도 저감, ④ 지반의 유효응력 증대, ⑤ 간극수의 압력저감, ⑥ 전단변형 억제 등이 있다. 이 중에서 교량 기초지반의 개량공법에 자주 이용되는 것은 ①, ② 및 ⑤이다.

흔히 지진 발생으로 인해 지반이 액상화되거나 붕괴가 발생하게 되면, 지반이 부서지는 것으로 생각하지만, 지반 입장에서는 보다 안전한 상태로 이행된 것뿐이다.

따라서 지반개량이란 지진 및 시간경과와 같은 자연적인 현상에 대해

인공적으로 단기간에 걸쳐 지반을 안정화시키는 기술이라고 할 수 있다. 교량 건설이라고 하면 직접 눈으로 볼 수 있는 부분의 건설만을 생각하는 경향이 있으나, 실제로는 교량을 지지하기 위한 기초 및 지반공사도 매우 중요하며 이에 대해서도 많은 노력을 기울이고 있다.

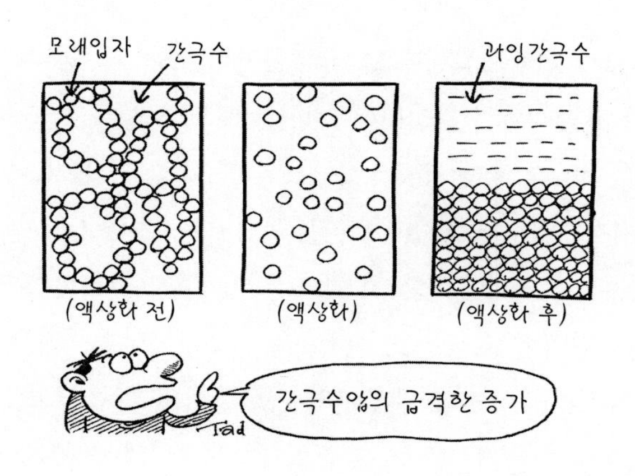

교량기술의 선진국은?

교량의 역사는 인류 역사와 거의 동일하다고 할 수 있다. 유사 이래 수많은 나라와 도시가 흥망성쇠를 반복하였는데, 교량 역시 나라와 도시의 발전과 더불어 발달해 왔다고 볼 수 있다. 그렇기 때문에 교량 선진국은 그 시대에 가장 번영한(또는 번영하고 있는) 국가라고 하더라도 틀리지 않을 것이다. 최근에는 영국, 프랑스, 독일 등을 비롯하여 미국, 일본, 중국, 한국 등이 교량기술의 선진국이라고 할 수 있을 것이다.

이 중에서 일본 교량기술의 수준을 알아보기 위해 세계의 장대교에 포함되어 있는 일본의 장대교를 그 구조형식별로 살펴보자. 시공 중인 것들도 있지만 '연속 거더교'로는 카이타대교, 시리나시가와대교, 도쿄만 횡단도로교 등 3개교, '트러스교'로는 미나토대교, 이키즈키대교 등 2개교, '사장교'로는 타타라대교(당시 세계 2), 메이코우중앙대교, 츠바사대교, 이구치대교, 히가시고베대교, 요코하마베이브리지 등 6개교, '현수교'로는 아카시대교(세계 1), 미나미비산 세토대교 등 2개교가 있다. '아치교'로 세계 최장인 New River Gorge교(518m)가 있는데, 일본에서는 305m의 오오츠가와대교가 있다. 일본의 경우는 지반조건이 나쁘기 때문에 최대 스팬 500m에 근접한 아치교는 부적절한 것으로 알려져 있다.

이렇듯이 세계의 장대교량를 살펴보면, 일본은 교량 선진국인 것을 쉽게 짐작할 수 있다. 그러나 대부분의 공학분야와 마찬가지로 처음에는 서구 기술을 배워가면서 조금씩 조금씩 문제점을 해결하여 기술력을 향상시켜 왔으며 무엇보다 고도의 경제발전 시기가 있어 가능하였다. 또한 오늘날의 교량기술의 발전은 각종 공업기술의 발달과도 밀접한 관련이 있다. 예를 들면 계측기술, 가공기술, 컴퓨터 발전에 의한 구조해석 기술, 고장력 합금강의 개발, 풍동실험장치, 시공기술(기계화, 수중 콘크리트 및 케이슨공법 등), 제진기술의 발달 등 수없이 많다.

예를 들어 현수교에서는 단번에 세계 최장의 아카시대교를 성공시킨 것이 아니라, 일본 최초의 장대 현수교인 와카토대교(주경간 367m, 총연장 680m)로부터 세키몬교(주경간 712m, 총연장 1,068m)를 거쳐 혼슈시코쿠 연락교인 인노시마대교(주경간 770m, 총연장 1,270m), 오오나루토교(주경간 876m, 총연장 1,629m), 시모츠이세토대교(주경간 940m, 총연장 1,400m), 기타비산 세토대교(주경간 990m, 총연장 1,538m), 미나미비산 세토대교(주경간 1,100m,

총연장 1,648m)의 현수교를 가설하면서 경험과 실적을 쌓아간 것이다.

이러한 우수한 교량기술은 향후에도 국제적인 다양한 협력의 형태로 계속해서 이어나갈 것으로 확신한다. 21세기에는 주경간 3,000m를 초과하는 초장대교량 건설이 실현될 것으로 예상된다. 현재 이러한 해협횡단 프로젝트의 구상으로는 츠가루해협(북해도~혼슈), 도쿄만, 이세만(미에현~아이치현), 키단해협(오사카만), 호오요해협(규슈~시코구 간) 등이 검토되고 있다.

장대 현수교 시공 시 지구의 곡면 영향을 고려한다?

한 가닥 실을 양쪽에서 손가락으로 집어서 들어 올렸을 때 생기는 실의 형태는 현수선이라고 하며, 이때 가운데 부분은 마치 포물선과 같은 형상이 된다. 실이 수직으로 처진 거리를 새그(sag)라고도 부르며, 실을 강하게 당기고 있으면 작아지고 느슨하게 하면 커진다.

현수교 케이블의 경우는 장력이 작으면 처짐 현상이 커지기 때문에 바람직하지 않으며, 반대로 처짐 현상을 작게 하려고 하게 되면 과다한 장력이 케이블 내에 발생하게 된다. 이런 점으로 인해 현수교 케이블에는 적정한 형상이 주어져 있다. 이 적정 형상은 현수교 주탑간격(주경간) l에 대한 새그 s의 비, 새그비(sag ratio) $n = s/l$로 나타내며 n =1/8~1/12 정도이다.

이 새그비로부터 현수교의 주탑간격과 주탑높이 h의 관계가 얻어진다. 현수교 케이블의 중앙부(최하단부)가 해면으로부터 80m의 높이에 있는 것으로 하고 새그 s =1/9로 하자. 그러면 주탑 높이는 $h = l/9 + 80$(m)가 된다. 세계 최장의 아카시대교는 l =1,991m이기 때문에, 상기 식으로 계산하면 대략 h =300m가 되어 실제 주탑높이와 일치한다. 한편 도쿄타워의 높이는 333m 정도인데, 아카시대교의 주탑이 얼마나 높은 것인지 짐작할 수 있을 것이다.

현수교 주탑은 연직으로 만들어지는데, 지구는 구형이기 때문에 주탑높이가 높아짐에 따라 주탑 간격은 탑기부 l_1과 탑정부 l_2에서 조금 차이가 발생하게 된다. 지구 반경을 r로 하면 지구 중심을 원점으로 하여 양주탑 간의 각도 θ를 라디안 단위로 구해보면, 대략 $\theta = l_1/r$이 된다. 그런데 양주탑 간의 거리는 탑기부에서는 $l_1 = r\theta$이며 탑정부에서는 $l_2 = (r+h)\theta$이기 때문에, 그 차이는 $\Delta l = h\theta$가 된다.

아카시대교에서는 l =1,991m, h =300m이기 때문에, 지구반경을 6,370km로 하면 탑정부에서의 간격은 탑기부보다 Δl =94mm 길게 된다. 따라서 설계 시에는 이를 고려하였다. 그런데 아카시대교는 고베대지진에 의해 주경간이 80cm 정도 벌어지게 되어 세계 최장기록을 스스로 갱신한 교량으로도 유명할 뿐만 아니라, 이로 인해 보강 거더의 길이도 약 1.180m 더 길게 할 필요가 있었다.

장래에 만약 주경간이 l_1 =10km의 초장대교량이 시공된다고 하면, 이 때의 주탑높이는 h =1,200m 정도로서 도쿄타워의 3~4배의 높이가 되며, 탑정부의 간격은 탑기부보다 Δl =1.87m 더 길게 된다.

한편 일본수도고속 12호선의 '레인보우브리지'는 주탑높이 120m, 주경간 570m이기 때문에, 탑정부의 간격은 탑기부보다 11mm 더 길다. 현수교의 주탑과 관련된 또 다른 주제로 주탑의 수축에 관한 것이 있다. 레인보우브리지에서는 주탑 자중 약 2,400tf와 주케이블로부터 탑정부에 가해지는 고정하중 약 8,000tf에 의해 약 8cm 정도가 수축되어 낮아졌기 때문에, 이를 고려하여 미리 8cm 높게 시공할 필요가 있었다고 한다.

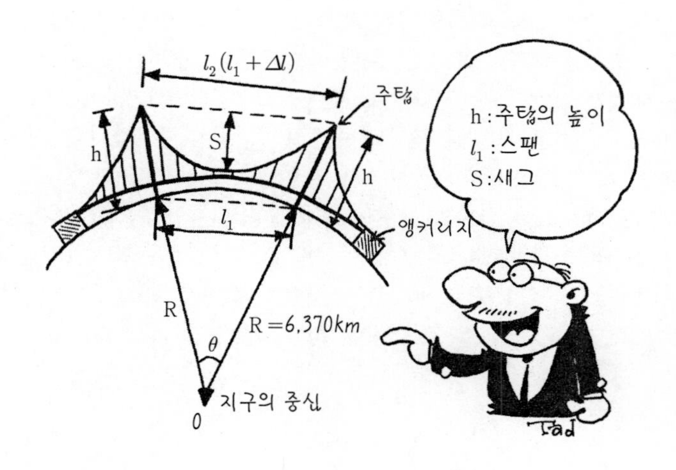

칼럼 13

★좋아하는 교량, 가보고 싶은 교량

약 3시간 동안 뉴욕 맨해튼 섬을 배로 일주하는 관광코스가 있다. 이것을 Circle line cruise라고도 하는데, 맨해튼 42번가의 서쪽에 배를 타는 장소가 있다.
자유의 여신상 옆을 통과하여 이스트 리버로 들어가면 그 유명한 브루클린교(1883년에 완성되어 이미 130년 이상 경과한 현수교량이지만 여전히 공용 중에 있다)가 처음으로 등장하며, 이어서 다양한 형식 및 준공 연대를 달리한 교량들이 곳곳에서 등장한다. 또한 국제연합 빌딩 및 양키 스타디움 등의 건축물도 가까이서 볼 수 있으며 초고층 빌딩숲을 즐길 수 있다.
허드슨강에 설치되어 있는 현수교인 George Washington교의 주탑 기초에 있는 Jonathan Swift(영국 아일랜드에서 태어난 작가. 풍자문학의 대표작인 걸리버 여행기 등이 있다)의 어린이 소설에 등장하는 '작고 붉은 등대(little red lighthouse)'를 볼 수도 있다. 관광여행이나 신혼여행 시에 한번쯤 들러볼 만한 곳이다.
도쿄에도 스미다강, 아라강, 도쿄 임해부의 수변공원 등 아름다운 곳이 많이 있다. 역사적인 가치가 있는 키요스교(자정식 체인 현수교)와 에이타이바시, 개폐가 가능한 카치도키바시(현재는 고정식) 및 레인보우 브리지 등을 근접해서 볼 수 있으며, 일본식 전골요리를 함께 즐길 수 있는 크루즈 여행도 운영되고 있다.
JH(일본도로공단)의 고속도로에도 멋진 교량이 많이 있는데, 그중에서도 유명한 것이 나가노현 우에다시에 있는 우에다로만 교량이다. 이 교량은 20경간의 콘크리트 아치교인데, '로마 수도교'를 로만이라는 이름으로 붙인 것이라고 한다. 하지만 이 교량은 고속도로를 달리면서는 볼 수 없는 점이 아쉽다.

참고문헌

1. 역사 및 일반사항

1) 泉 満明、近藤明雄 : 改訂橋梁工学, コロナ社, 1995年 2月.
2) 九州橋梁·構造研究会九州橋紀行, 西日本新聞社, pp.6~7, p.146, 1995年 7月.
3) NHKテクノパワープロジェクト : 巨大建設の世界(2), 長大橋への挑戦, 日本放送協会, pp.22~39, pp.46~47, pp.66~78, pp.85~88, pp.114~123, pp.182~197, 1993年.
4) 倉西 茂 : 橋構造, 森北出版, 1993年.
5) 山本 弘 : 橋の歴史, 森北出版, pp.12~13, pp.26~27, p.40, pp.122~123, pp.159~160, 1992年.
6) 上田 篤 : 橋と日本人, 岩波新書, pp.18~19, pp.25~31, 1984年.
7) 成岡昌夫 : 新体系土木工学別巻土木資料百科, 技報堂, pp.67~69, p.48, p.86, p.88, pp.100~101, 1990年.
8) 西村 昭, 大河 覚, 他 : 国指定重要文化財神子畑鋳鉄橋の保存修理工事橋梁と基礎, pp.34～40, 1985年 1月.
9) 伊東 孝：山あいに生きる全鋳鉄の橋(神子畑熔鋳鉄橋), 建設業界, 1985年 3月.
10) 関 淳：アネビーの橋, コンクリート工学, p.5, 1976年 1月.
11) 川田忠樹：橋のロマン, 技報堂, p.16, p.29, 1985年.
12) 山本 宏：橋の歴史, 森北出版, p.126, p.137, 1992年.
13) 江上波夫 他：高校世界史, 山川出版, 1994年.
14) 藤原 武：ローマの道の物語, 原書房, p.235, 1990年.
15) 土木学会関西支部編：橋のなんでも小辞典, 講談社, pp.114～119, 1991年 8月.
16) 東 好一：橋上史話「象の浮橋J, 海峡横断, 第3号, pp.26～27, 1995年 10月.
17) かたっぱし委員会編, 橋ものがたり, 日本交通公社, 1995年.
18) 大竹三郎：橋を架ける, 大日本図書, 1986年.
19) 吉田 巖編：橋のはなし(I, II), 技報堂, 1994年, 1995年.
20) 日本橋梁建設協会：日本の橋, 朝倉書店, 1994年 6月.
21) 山口祐造：九州の石橋をたずねて(前編, 中編, 後続j, 昭和堂, 1976年 4月.
22) 山口祐造：石橋は生きている, 葦書房, 1992年 6月.
23) 石井一郎：日本の土木遺産, 森北出版, pp.84～93, 1997年 6月.
24) 平原 勲：復興局事業と隅田川橋梁群の基礎形式, 基礎工, pp.100～105, 1993年 8月.
25) 橋(1972年～1973年), pp.1～7, 1974年 2月.
26) 土木工学概論教科書研究会編：土木工学概論, 彰国社, pp.24～27, 1993年 10月.
27) 下中邦彦：世界大百科事典, 平凡社, p.508, 1981年.

28) (株)大林組東京本社労務安全部：安全ニュース, Vol.6, 1994年.
29) 群馬県立近代美術館：エッフェル塔100年のメッセージー, 開館 15 周年記念展.
30) 日本の宝·鹿児島の石橋を考える全国連絡会議編：歴史的文化遺産が生きる町, 東京堂出版, pp.23～32, 1995年 10月.
31) 日本ウォッチ研究所：世界遺産データブック1997年版.
32) 世界都市研究会：倉敷市瀬戸大橋架橋記念館資料, 1988年 3月.
33) 日経コンストラクション：トピックス·事故, pp.86～87, 1994年 11月 25日.
34) 川田忠樹ポーモンの卵, 建設図書, 1987年 8月.
35) 川田忠樹：歴史のなかの橋とロマン, 技報堂, pp.84～92, 1985年 5月.
36) 宮本 裕, 小林英信訳：橋の文化史, 鹿島出版, 1991年 8月.
37) 土木学会関西支部編：橋のなんでも小辞典, 講談社, pp.62～67, pp.110～114, 1991年.
38) 日本橋梁建設協会：日本の橋 –多彩な綱橋の百余年史–, p.11, 1994年.
39) 東 好一：悲劇の永代橋, 海峡横断, Vol 4, pp.37～38, 1996年 1月.

2. 구조·형식

1) 佐伯彰一：橋梁用語辞典, 山海堂, 1994年.
2) 日本道路協会：道路橋示方書·同解説/共通編, 日本道路協会, 1994年 2月.
3) 日本道路協会：道路構造令, 日本道路協会, 1983年.
4) 日本道路協会 『防護柵設置要綱·資料集』 日本道路協会, p.4, 1989年 9月.
5) 伊東 孝：水の都, 橋の都, 東京堂出版, p.4, 1994年.
6) かたっぱし委員会：橋ものがたり, 日本交通公社, p.34, p.64, 1995年.

7) 川田建設(株)はしの手引き.
8) 藤 原稔, 他 : 橋の世界, 山海堂, p.62, 1994年.
9) 長井正嗣 : 橋梁工学, 共同出版, p.22, 1994年.
10) 日本道路協会·道路橋示方書·同解説V耐震設計編, 日本道路協会, 1994年 2月.
11) 土木工学 : 鋼斜張橋 –技術とその変遷–, p. 1, p.2, 1990年.
12) N.J.Gimsing (伊藤 学監訳) : 吊形式橋梁 –計画と設計–, 建設図書, pp.1~3, p.6, 1999年.
13) 藤野陽三, 長井正嗣 : 吊形式橋梁の現状と将来, 鋼構造協会, 鋼構造論文集, 第1巻, 3号, 1994年 3月.
14) 飯沼信子 : 黄金のくさび, 郷土出版, 1996年.
15) 川田忠樹 : NEW YORKブルックリンの橋, 科学書刊, 1994年.
16) 古屋信明 : 世界最大橋に挑む, NTT出版, 1995年.
17) 吉村貞次, 高端宏直, 向山寿孝, 久保田隆三郎 : 橋工学, コロナ社, p.5, 1988年.
18) 土木図書館 : 絵葉書に見る日本の橋, 柘植書房, p.181, 1992年.
19) 世界都市研究会 : 倉敷市瀬戸大橋架橋記念館, p.103, 1988年.
20) 渡辺隆男 : 流れ橋–岡山県矢掛町·観月橋の場合, 橋梁, pp.36~40, 1993年 5月.
21) 上田 篤 : 橋と日本人, 岩波新書, pp.60~66, 1984年 9月.
22) 土木学会関西支部編 : 橋のなんでも小辞典, pp.85~89, 1991年 8月.
23) 大竹三郎·橋を架ける, 大日本図書, pp.11~20, 1986年 5月.
24) 読売新聞夕刊, 1997年 11月 18日.
25) 長井正嗣 : 吊形式橋梁の超長大化と構造形態, (財)海洋架橋調査会, 海峡横断, Vol.8, 1997年 2月.
26) 山根一眞 : メタルカラーの時代, 週間ポスト, 1998年 3月 27日号,

4月 3日号, 4月 10日号.

27) 横山功一：海峡横断道路プロジエクトを支える橋梁技術の動向, 土木学会論文集, NO.546/ IV-32, pp.1~12, 1996年 9月.

28) 藤原稔, 他：超長大橋(ジブラルタル海峡連絡橋)の検討, 橋梁 と基礎 94-7, Vol.28, No.7, 1994年 7月, pp.19~25.

29) 土木学会：土木技術者のための振動便覧, 土木学会, pp.347~404, 1985年.

30) 藤井学：土木設計2, 実教出版, pp.135~138, 平成6年 1月.

31) 泉, 近藤：改訂橋梁工学, コロナ社, pp.88~93, 1995年 2月.

32) 吉田厳：橋のはなしⅠ, 技報堂, pp.53~58, 1994年 6月.

33) 渡辺英一, 他：橋のなんでも小辞典, 議談社, pp.178~183, 1991年.

3. 설계·경관

1) NHKテクノパワープロジェクト：巨大建設の世界(2), 長大橋への挑戦, 日本放送協会, pp.182~197, 1993年.

2) 土木学会関西支部編：橋のなんでも小辞典, 講談社, pp.138~142, 1991年 8月.

3) 古屋信明：世界最大橋に挑む, NHK出版, pp.80~85, 1996年 11月.

4) EMIL SIMID, ROBERT H. SCANLAN：WIND EFECTS ON STRUCTURES. JOHN WILEY & SONS. INC. pp.146~155, THIRD EDITION.

5) 運輸省鉄道局：鉄道構造物等設計標準(鋼·合成構造物), 1991年.

6) 岡木舜三編：鋼構造の研究, 技報堂, 1977年 6月.

4. 시공·유지관리·보수

1) 藤原, 久保田, 菅谷, 寺田：ニューコンストラクションシリース第 巻, 橋の世界, 山海堂, pp.64~73, pp.117~132, pp.200~226, 1994年 6月.
2) 泉 満明, 近藤昭雄：改訂橋梁工学, コロナ社, pp.46~60, 1995年 2月.
3) 三浦裕二, 宮田弘之助：土木施工, 実教出版, pp.222~227, 1997年 2月.
4) 吉田 巌編：橋のはなし(I), 技報堂, pp.18~25, pp.178~185, 1994年.
5) 山根一眞：メタルカラーの時代, 小学館, pp.159~165, pp.173~180, pp.181~188, 1994年 12月.
6) 日本橋梁建設協会： 日本の橋, 朝倉書店, pp.139~140, 1994年 6月.
7) NHKテクノパワープロジエクト：巨大建設の世界(2), 長大橋への挑戦, 日本放送協会, pp.52~59, pp.97~111, 1993年.
8) 古屋信明：世界最大橋に挑む, NTT出版, pp.165~180, 1996年 11月.
9) 中村, 内藤：ニューコンストラクションシリーズ第2巻, 台地に根ざす基礎, 山海堂, pp.308~309, 1994年 1月.
10) 土木学会関西支部編：橋のなんでも小辞典, 講談社, pp.256~259, pp.284~288, 1991年 8月.
11) 本州四国連絡橋公団：明石海峡大橋, ケーブル工事パンフレット, 1996年.
12) 佐伯彰一：橋梁用語辞典, 山海堂, 1994年.
13) 中野, 遠藤, 中内, 福神;吊橋からアーチ橋へ, 橋梁と基礎, pp.172~174, 1991年 8月.
14) 下石坂克典：アーチ橋から桁橋へ, 橋梁と基礎, pp.175~176, 1991年 8月.
15) 佐溝純一：スパンドレルプレーストアーチ橋への大改造, 橋梁と基礎, p.177, 1991年 8月.

16) 春日明夫：コンクリートアーチ橋の拡幅, 橋梁と基礎, pp.180, 1991年8月.
17) 中野, 中内：吊橋からアーチ橋への改造(三好橋補修工事), 第18回日本道路会議論文集, pp.972～973, 1989年.
18) 遠藤, 福神：吊橋−アーチ橋への改造"三好橋", 日本橋梁技報, pp.38～45, 1992年.
19) 田中輝彦：土木への序章, いつも通る路·渡る橋, 鹿島出版, pp.118～123, 1995年 5月.
20) 日本鋼構造協会編：鋼構造用語辞典, 技報堂, 1989年.
21) 佐藤栄作：鋼道路橋の補修·補強の概要, 橋梁と基礎, pp.11～16, Vol.28, No8, 1994年 8月.
22) 市川篤司：鋼鉄道橋の補修·補強の概要, 橋梁と基礎, pp.17～21, Vol.28, No.8, 1994年 8月.
23) 小松秀樹：コンクリート橋の補修·補強の概要, 橋梁と基礎, pp.71～74, Vol.28, No.8, 1994年 8月.
24) 桧貝 勇：床板の補修·補強の概要, 橋梁と基礎, pp.105～108, Vol.28, No.8, 1994年 8月.
25) 中野正則：道路橋下部構造の補修·補強の概要, 橋梁と基礎, pp.105～108, Vol.28, No8, 1994年 8月.
26) 柵村史郎：鉄道橋下部構造の補修·補強の概要, 橋梁と基礎, pp.105～108, Vol.28, NO.8, 1994年 8月.
27) 高速道路協会：本州四国連絡橋における自動車走行の安全に関する 研究報告書, 1975年 3月.
28) 相馬清二：車の安全走行を脅かす氷雪, 濃霧, 突風特に突風について, 自動車技術, Vol36, No.5, 1982年.
29) 枷場·小泉·長久：横風·突風が高速走行自動車に及ぼす影響について,

土木学会論文報告集, NO.270, 1978年 2月.
30) 岡内·伊藤·宮田：耐風構造, 丸善, 1977年.
31) NagashimaF.Narita, N. and Kasai, S：Crossing Safety on Vibrating Bridges under Strong Cross Wind Memoirs of Faculty of Technology Tokyo Metropolitan University, No.43, 1993.
32) 野村·田中·葛西：多摩ニュータウン歩道橋「弓の橋」の振動試験, 橋梁, Vol.23, NO.8, 1987年 8月.

5. 재 료

1) 伊藤 学編：鋼構造学, コロナ社, 1985年
2) 鈴木浩平：振動を制する(ダンピンクの技術), オーム社, 1997年
3) 川田忠樹 監修： 複合構造橋梁, 技報堂, 1994年

6. 부속시설

1) 土木学会： 構造物と衝撃挙動と設計法(構造工学シリーズ6), 1994年.
2) 松本嘉司 監訳：交通騒音, 技報堂, 1976年.
3) 阿部英彦·谷口紀久：鋼鉄道橋設計標準の改訂, 土木学会論文報告集(委員会報告) 1984年 4月.
4) (社)土木学会, (社)セメント協会：交通安全施設海外調査報告書-コンクリート防護柵を中心に-, pp.29～31, 1992年 10月.
5) (社)セメント協会：コンクリートエンジニアリングニュース(特集

:欧米のコンクリート防護柵みたまま), pp.16～27, 1992年 7月.

7. 기 타

1) 鹿島都市防災研究会：制振·免震技術(都市·建築防災シリーズ④), 鹿島出版, pp.51～61, 1996年 10月.
2) 土木学会構造工学委員会(振動制御小委員会)：振動制御コロキュウム, PART A構造物の振動制御, 1991年 7月.
3) 小堀鐸ニ：制震構造—理論と実際—, 鹿島出版, 1993年 9月.
4) 山口宏樹：構造振動·制御, 共立出版, pp.109～190, 1996年 5月.
5) (社)水中トンネル研究調査会：水中トンネルパンフレツト.
6) (社)水中トンネル研究調査会：第1回 「水中トンネルの実用化に関するシンポジウム」, 1992年 11月.
7) 上田 篤：橋と日本人, 岩波新書, pp.25～31.
8) マリンフロート推進機構：浮体道路パンフレット.
9) 日経コンストラクション： 浮き橋の沈没記事, pp.89～91, 1991年 3月.
10) 増井直樹, 藤田 泰：海外の浮体技術の現状, 橋梁, pp.56～65, 1996年 1月.
11) 日本道路公団：雪氷シリース(2)技術手帳, 日本道路公団試験所, 1984年.
12) 雪センター： 冬季路面対策事例集, 1997年.
13) 朝日新聞： 車をむしばむ凍結防止剤, 1998年 4月 20日号.
14) 市原 薫, 小野田光之：路面の滑りとその対策, 技術書院, 1997年.
15) 雪センター： 冬季路面対策事例集, 1998年.
16) 融雪テクノ(株)：CHU融雪システム, 1998年.
17) 宮本重信·室田正雄：鋼床版橋路面の蓄熱材封入による凍結抑制の研究, 土

木学会論文集, No.574/VI−36, pp.73～83, 1997年.
18) 谷口豊明, 他 : ゴム粒子混合型アスフアルト混合物の雪氷剥離効果, 第6回日加寒冷地舗装会議発表論文集−日本側発表論文−, 建設省土木研究所, pp.137～150, 1996年 10月.
19) 下中邦彦, 他 : 平凡社世界大百科事典, 1984年.
20) 土木学会関西支部編 : 橋のなんでも小辞典, 講談社, 1991年.
21) 山下義之 : 科学·技術と産業の殿堂—Deutsches Museum, 海峡横断 Vol4, pp.34～36, 1996年 1月.
22) 土木学会編 : 土木博物館めぐり, 土木学会誌別冊増刊, VOl.81—7, 1996年 3月.
23) 世界都市研究会 : 倉敷市瀬戸大橋架橋記念館資料, 1988年 3月.
24) 東陽村石匠館 : 石工の里歴史資料館, 資料.
25) (財)鉄道総合研究所編 : 超電導リニアモーターカー, 時速500キロで駆け抜けろ!, 交通新聞社.
26) 藤原　稔, 久保田宗孝, 他 : 橋の世界, ニューコンストラクションシリーズ, 第8巻, 山海堂, pp.87～90, 1994年 6月.
27) NHKテクノパワープロジェクト : 巨大建設の世界(2), 長大橋への挑戦, 日本放送協会, pp.52～55, 1993年.
28) 阪神高速道路公団 : 埋　立地盤の橋梁基礎構造物に関する震災調査研究—兵庫県南部地震による阪神高速5号湾岸線の被災記録—, (財) 阪神高速道路管理技術センター, 1996年 12月.
29) 道路橋震災対策委員会 : 兵庫県南部地震における道路橋の被災に関する調査報告, 1995年 12月.
30) 国土庁防災局震災対策課·建設省建設経済局宅地開発課民間宅地指導室·建設省住宅局建築指導課 : 液状化マップと対策工法, ぎょうせい, 1994年.
31) 日本橋梁建設協会編 : 日本の橋(増訂版), 朝倉書店, 1994年.

저자 소개

나가시마 후미오(長嶋文雄)

1974년 동경도립대학교 건축공학 공학석사
동경도립대학교 공학연구과 토목공학전공 조교수
(현) 도쿄수도대학교 도시환경과학전공 교수

핫토리 히데토(服部秀人)

1971년 동경도립대학교 공학부 토목공학 졸업
(현) 국립나가노공업고등전문학교 교수

키쿠치 토시오(菊地敏男)

1974년 동경도립대학교 공학부 대학원 졸업
(현) (주)오오바야시구미 기술연구소 토목5연구실

감수자 소개

오오노 하루오(大野春雄)

1977년 일본대학교 이공학부 졸업
(현) 코교쿠샤 공과단기대학교 교수 공학박사
시바우라 공업대학교 겸임강사 토목학회펠로회원

역자 소개

박 시 현

한국시설안전공단 특수교관리센터 여수사무소장
국토교통부·교육부 R&D사업 연구책임자
국토교통부 토목점검반 교육강사
한국시설안전공단 진단팀장 역임
한국건설기술연구원 선임연구원 역임
일본 교토대학교 공학연구과 공학박사

유 동 우

한국시설안전공단 국가시설관리본부 본부장
국토교통부 중심위 설계심의분과위원, 건설사고조사위원
해양수산부·인천지방해양수산청·부산항건설사무소 설계자문위원
대전청·원주청·서울청·행복청·한국도로공사 기술자문위원
대한상사중재원 중재인
연세대학교 토목공학과 공학박사, 토목구조기술사

이 상 철

한국시설안전공단 특수교관리센터 목포사무소장
국토교통부 중앙건설기술심의위원 역임
국토교통부 건설사고조사위원단 위원
한국도로공사·익산지방국토관리청 설계자문위원
한국시설안전공단 진단평가실장 역임
성균관대학교 토목공학과 공학박사, 토목구조기술사

재미있는 교량 이야기

초판발행 2016년 5월 10일
초판 2쇄 2017년 8월 2일

저　　자 나가시마 후미오(長嶋文雄), 핫토리 히데토(服部秀人), 키쿠치 토시오(菊地敏男)
역　　자 박시현, 유동우, 이상철
펴 낸 이 김성배
펴 낸 곳 도서출판 씨아이알

책임편집 박영지, 김동희
디 자 인 윤지환, 윤미경
제작책임 이헌상

등록번호 제2-3285호
등 록 일 2001년 3월 19일
주　　소 (04626) 서울특별시 중구 필동로8길 43(예장동 1-151)
전화번호 02-2275-8603(대표)
팩스번호 02-2275-8604
홈페이지 www.circom.co.kr

I S B N **979-11-5610-224-3 93530**
정　　가 **16,000원**